章・節	項目	学習日 月／日	問題番号&チェック	メモ	検印
3章2節	1	／	72　73		
	2	／	74　75		
	3	／	76　77		
	4	／	78　79		
	ステップアップ	／	練習 11		
4章1節	1	／	80　81　82　83　84		
	2	／	85　86　87　88		
	3	／	89　90　91		
	4	／	92　93		
	5	／	94　95		
	ステップアップ	／	練習 12　13		
4章2節	1	／	96　97　98		
	2	／	99　100　101　102　103		
	3	／	104　105		
	4	／	106		
	5	／	107　108		
	ステップアップ	／	練習 14		
4章3節	1	／	109　110　111　112　113　114　115		
	2	／	116　117　118		
	3	／	119　120　121		
	ステップアップ	／	練習 15		

===== 学習記録表の使い方 =====

● 「学習日」の欄には，学習した日付を記入しましょう。
● 「問題番号&チェック」の欄には，以下の基準を参考に，問題番号に○，△，×をつけましょう。
　　　　○：正解した，理解できた
　　　　△：正解したが自信がない
　　　　×：間違えた，よくわからなかった
● 「メモ」の欄には，間違えたところや疑問に思ったことなどを書いておきましょう。復習のときは，ここに書いたことに気をつけながら学習しましょう。
● 「検印」の欄は，先生の検印欄としてご利用いただけます。

この問題集で学習するみなさんへ

　本書は，教科書「新編数学Ⅲ」に内容や配列を合わせてつくられた問題集です。教科書の完全な理解と，技能の定着をはかることをねらいとし，基本事項から段階的に学習を進められる展開にしました。また，類似問題の反復練習によって，着実に内容を理解できるようにしました。

　学習項目は，教科書の配列をもとに内容を細かく分けています。また，各項目の構成要素は以下の通りです。

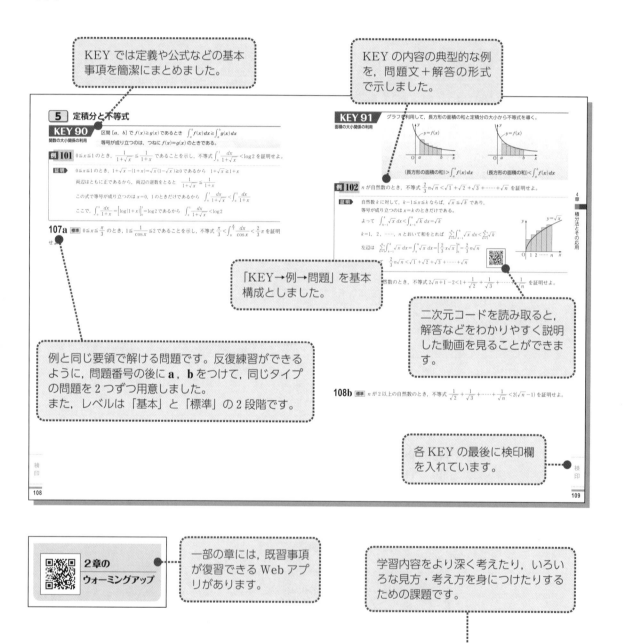

KEY では定義や公式などの基本事項を簡潔にまとめました。

KEY の内容の典型的な例を，問題文＋解答の形式で示しました。

「KEY→例→問題」を基本構成としました。

二次元コードを読み取ると，解答などをわかりやすく説明した動画を見ることができます。

例と同じ要領で解ける問題です。反復練習ができるように，問題番号の後に a，b をつけて，同じタイプの問題を 2 つずつ用意しました。
また，レベルは「基本」と「標準」の 2 段階です。

各 KEY の最後に検印欄を入れています。

一部の章には，既習事項が復習できる Web アプリがあります。

学習内容をより深く考えたり，いろいろな見方・考え方を身につけたりするための課題です。

考えてみよう　2　2 つの関数 $f(x)=2x+3$，$g(x)=ax+b$ が $(f \circ g)(x)=x$ を満たすような定数 a，b の値を求めてみよう。また，このとき $g(x)$ が $f(x)$ の逆関数となっていることを確かめてみよう。

節末には，ややレベルの高い内容を扱った「ステップアップ」があります。例題のガイドと解答をよく読んで理解しましょう。

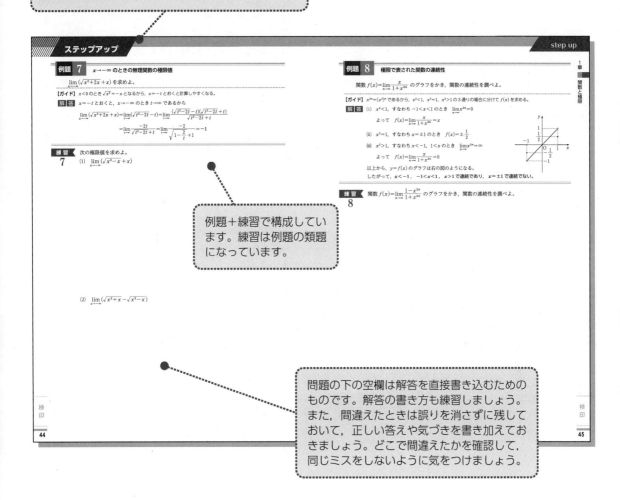

例題 7 $x\to-\infty$ のときの無理関数の極限値

$\lim_{x\to-\infty}(\sqrt{x^2+2x}+x)$ を求めよ。

【ガイド】 $x<0$ のとき $\sqrt{x^2}=-x$ となるから，$x=-t$ とおくと計算しやすくなる。

【解答】 $x=-t$ とおくと，$x\to-\infty$ のとき $t\to\infty$ であるから

$$\lim_{x\to-\infty}(\sqrt{x^2+2x}+x)=\lim_{t\to\infty}(\sqrt{t^2-2t}-t)=\lim_{t\to\infty}\frac{(\sqrt{t^2-2t}-t)(\sqrt{t^2-2t}+t)}{\sqrt{t^2-2t}+t}$$

$$=\lim_{t\to\infty}\frac{-2t}{\sqrt{t^2-2t}+t}=\lim_{t\to\infty}\frac{-2}{\sqrt{1-\frac{2}{t}}+1}=-1$$

練習 7 次の極限値を求めよ。

(1) $\lim_{x\to-\infty}(\sqrt{x^2-x}+x)$

例題＋練習で構成しています。練習は例題の類題になっています。

(2) $\lim_{x\to-\infty}(\sqrt{x^2+x}-\sqrt{x^2-x})$

例題 8 極限で表された関数の連続性

関数 $f(x)=\lim_{n\to\infty}\frac{x}{1+x^{2n}}$ のグラフをかき，関数の連続性を調べよ。

【ガイド】 $x^{2n}=(x^2)^n$ であるから，$x^2<1$，$x^2=1$，$x^2>1$ の3通りの場合に分けて $f(x)$ を求める。

【解答】 (i) $x^2<1$，すなわち $-1<x<1$ のとき $\lim_{n\to\infty}x^{2n}=0$

よって $f(x)=\lim_{n\to\infty}\frac{x}{1+x^{2n}}=x$

(ii) $x^2=1$，すなわち $x=\pm1$ のとき $f(x)=\pm\frac{1}{2}$

(iii) $x^2>1$，すなわち $x<-1$，$1<x$ のとき $\lim_{n\to\infty}x^{2n}=\infty$

よって $f(x)=\lim_{n\to\infty}\frac{x}{1+x^{2n}}=0$

以上から，$y=f(x)$ のグラフは右の図のようになる。

したがって，$x<-1$，$-1<x<1$，$x>1$ で連続であり，$x=\pm1$ で連続でない。

練習 8 関数 $f(x)=\lim_{n\to\infty}\frac{1-x^{2n}}{1+x^{2n}}$ のグラフをかき，関数の連続性を調べよ。

問題の下の空欄は解答を直接書き込むためのものです。解答の書き方も練習しましょう。また，間違えたときは誤りを消さずに残しておいて，正しい答えや気づきを書き加えておきましょう。どこで間違えたかを確認して，同じミスをしないように気をつけましょう。

　巻末には略解があるので，自分で答え合わせができます。詳しい解答は別冊で扱っています。

　また，巻頭にある「学習記録表」に学習の結果を記録して，見直しのときに利用しましょう。間違えたところや苦手なところを重点的に学習すれば，効率よく弱点を補うことができます。

◆学習支援サイト「プラスウェブ」のご案内

　本書に掲載した二次元コードのコンテンツをパソコンで見る場合は，以下のURL からアクセスできます。

https://dg-w.jp/b/0ab0001

注意 コンテンツの利用に際しては，一般に，通信料が発生します。

もくじ _____ contents

問題総数　398題
例 114題，基本問題 122題，標準問題 120題，
考えてみよう 12題，例題 15題，練習 15題

1節 関数

1 分数関数

KEY 1

$y=\dfrac{k}{x}$ のグラフ

① 原点に関して対称である。　② x 軸と y 軸を漸近線にもつ。

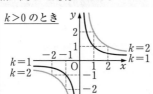
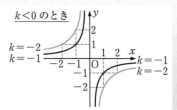

例 1 関数 $y=-\dfrac{2}{x}$ のグラフをかけ。

解答 グラフは右の図のようになる。

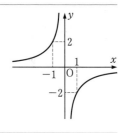

1a 基本 次の関数のグラフをかけ。

(1) $y=\dfrac{2}{x}$

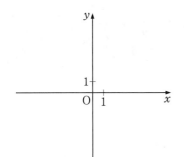

(2) $y=-\dfrac{4}{x}$

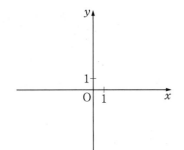

1b 基本 次の関数のグラフをかけ。

(1) $y=\dfrac{4}{x}$

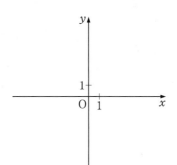

(2) $y=-\dfrac{5}{x}$

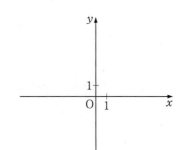

$y=\dfrac{k}{x-p}+q$ の
グラフ

$y=\dfrac{k}{x-p}+q$ のグラフは，$y=\dfrac{k}{x}$ のグラフを x 軸方向に p，y 軸方向に q だけ平行移動した曲線である。この曲線の漸近線は，2直線 $x=p$，$y=q$ である。

例 2 $y=-\dfrac{2}{x-2}+1$ のグラフの漸近線を求め，関数のグラフをかけ。

解答 $y=-\dfrac{2}{x-2}+1$ のグラフは，$y=-\dfrac{2}{x}$ のグラフを x 軸方向に 2，

y 軸方向に 1 だけ平行移動したもので，右の図のようになる。

漸近線は，2直線 $x=2$，$y=1$ である。

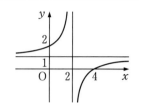

2a 基本 次の関数のグラフの漸近線を求め，関数のグラフをかけ。

(1) $y=-\dfrac{2}{x-1}$

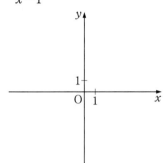

(2) $y=\dfrac{3}{x+2}-1$

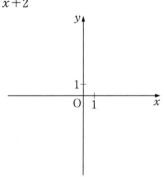

2b 基本 次の関数のグラフの漸近線を求め，関数のグラフをかけ。

(1) $y=\dfrac{1}{x}-3$

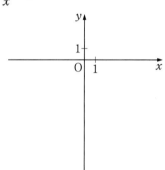

(2) $y=1-\dfrac{2}{x+3}$

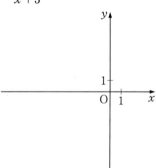

考えてみよう 1 グラフが2直線 $x=1$，$y=2$ を漸近線とし，点 $(2,\ 1)$ を通るような分数関数を求めよ。

KEY 3

$y=\dfrac{k}{x-p}+q$ の形に変形して，$y=\dfrac{k}{x}$ のグラフを平行移動したグラフをかく。

$y=\dfrac{ax+b}{cx+d}$ **のグラフ**

例 3 関数 $y=\dfrac{-2x}{x+1}$ のグラフの漸近線を求め，関数のグラフをかけ。

解答 $\dfrac{-2x}{x+1}=\dfrac{-2(x+1)+2}{x+1}=\dfrac{2}{x+1}-2$

であるから，$y=\dfrac{2}{x+1}-2$ と変形できる。

よって，このグラフは，$y=\dfrac{2}{x}$ のグラフを x 軸方向に -1，y 軸

方向に -2 だけ平行移動した曲線で，右の図のようになる。

漸近線は，2 直線 $x=-1$，$y=-2$ である。

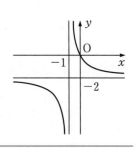

3a 基本 次の関数のグラフの漸近線を求め，関数のグラフをかけ。

(1) $y=\dfrac{x+1}{x-1}$

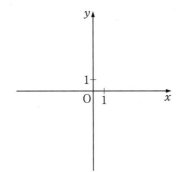

(2) $y=\dfrac{2x-1}{x+3}$

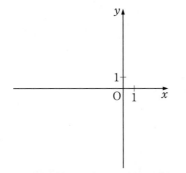

3b 基本 次の関数のグラフの漸近線を求め，関数のグラフをかけ。

(1) $y=\dfrac{-3x-1}{x-2}$

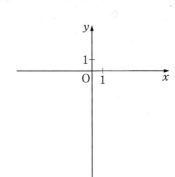

(2) $y=\dfrac{3x}{x-2}$

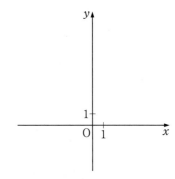

例 **4** 2つの関数 $y = \dfrac{x-2}{x-1}$, $y = 2$ について，次の問いに答えよ。

(1) 2つの関数のグラフの共有点の座標を求めよ。

(2) グラフを利用して，不等式 $\dfrac{x-2}{x-1} > 2$ を解け。

解答 (1) 共有点の x 座標は，方程式 $\dfrac{x-2}{x-1} = 2$ の解である。

両辺に $x-1$ を掛けると　　$x-2 = 2(x-1)$

これを解くと　　$x = 0$

よって，共有点の座標は　　**(0, 2)**

(2) 2つの関数のグラフは，右の図のようになる。

不等式の解は，関数 $y = \dfrac{x-2}{x-1}$ のグラフが直線 $y = 2$ より上に

あるような x の値の範囲であるから　　**$0 < x < 1$**

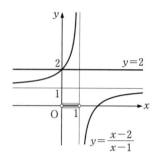

4a 標準　2つの関数 $y = \dfrac{3-x}{x}$, $y = 2$ について，次の問いに答えよ。

(1) 2つの関数のグラフの共有点の座標を求めよ。

(2) グラフを利用して，不等式 $\dfrac{3-x}{x} > 2$ を解け。

4b 標準　2つの関数 $y = -\dfrac{3}{x+2}$, $y = 1$ について，次の問いに答えよ。

(1) 2つの関数のグラフの共有点の座標を求めよ。

(2) グラフを利用して，不等式 $-\dfrac{3}{x+2} < 1$ を解け。

例 5 グラフを利用して，不等式 $-\dfrac{3}{x+2} < -x$ を解け。

解答 $-\dfrac{3}{x+2} = -x$ とおく。

両辺に $x+2$ を掛けると　$-3 = -x(x+2)$

整理して　$x^2 + 2x - 3 = 0$

これを解くと　$x = -3,\ 1$

不等式の解は，関数 $y = -\dfrac{3}{x+2}$ のグラフが直線 $y = -x$

より下にあるような x の値の範囲であるから

　　$x < -3,\quad -2 < x < 1$

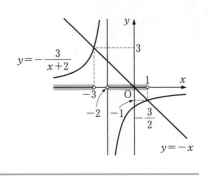

5a 標準 グラフを利用して，不等式

$\dfrac{3}{x-2} \geqq x - 4$ を解け。

5b 標準 グラフを利用して，不等式

$-\dfrac{1}{x+1} \leqq -3x - 5$ を解け。

2 無理関数

$y=\sqrt{ax}$, $y=-\sqrt{ax}$ のグラフ

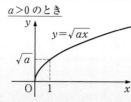

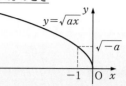
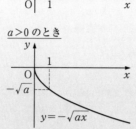
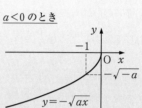

例 6 関数 $y=\sqrt{-2x}$ のグラフをかけ。

解答 グラフは右の図のようになる。

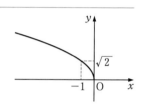

6a 基本 次の関数のグラフをかけ。

(1) $y=\sqrt{4x}$

6b 基本 次の関数のグラフをかけ。

(1) $y=\sqrt{-4x}$

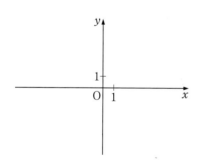

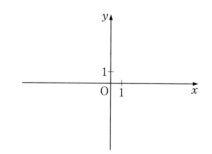

(2) $y=-\sqrt{2x}$

(2) $y=-\sqrt{-x}$

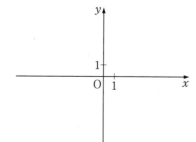

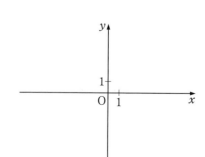

KEY 6
$y=\sqrt{ax+b}$ のグラフ

$y=\sqrt{ax+b}$ のグラフは，$y=\sqrt{a(x-p)}$ の形に変形して，$y=\sqrt{ax}$ のグラフを平行移動してかく。
$y=\sqrt{a(x-p)}$ のグラフは，$y=\sqrt{ax}$ のグラフを，x 軸方向に p だけ平行移動したものである。

例 7 関数 $y=\sqrt{-2x+2}$ のグラフをかけ。また，定義域，値域を求めよ。

解答 $\sqrt{-2x+2}=\sqrt{-2(x-1)}$ と変形できるから，
グラフは，$y=\sqrt{-2x}$ のグラフを x 軸方向
に 1 だけ平行移動したもので，右の図のようになる。
定義域は $x\leqq1$，値域は $y\geqq0$ である。

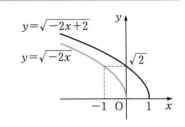

7a 基本 次の関数のグラフをかけ。
また，定義域，値域を求めよ。

(1) $y=\sqrt{x-3}$

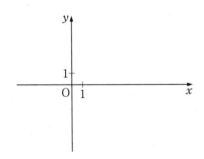

(2) $y=-\sqrt{2x+6}$

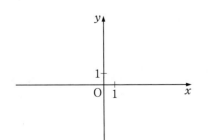

7b 基本 次の関数のグラフをかけ。
また，定義域，値域を求めよ。

(1) $y=\sqrt{-x-1}$

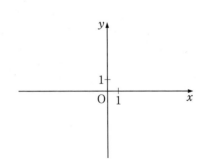

(2) $y=-\sqrt{-3x-6}$

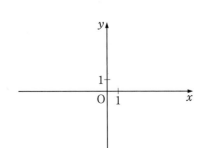

例 8 2つの関数 $y=-\sqrt{x+2}$, $y=x$ について，次の問いに答えよ。

(1) 2つの関数のグラフの共有点の座標を求めよ。

(2) グラフを利用して，不等式 $-\sqrt{x+2}>x$ を解け。

解答 (1) 共有点の x 座標は，方程式 $-\sqrt{x+2}=x$ ……① の解である。

①の両辺を2乗して整理すると $x^2-x-2=0$

これを解くと $x=-1,\ 2$

このうち，$x=-1$ は①を満たすが

$x=2$ は①を満たさない。

よって，共有点の座標は $(-1,\ -1)$

(2) 2つの関数のグラフは，右の図のようになる。

不等式の解は，関数 $y=-\sqrt{x+2}$ のグラフが直線 $y=x$ より上

にあるような x の値の範囲であるから $-2\leqq x<-1$

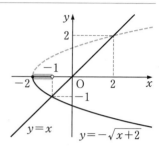

8a 標準 2つの関数 $y=\sqrt{x-1}$, $y=-x+3$ について，次の問いに答えよ。

(1) 2つの関数のグラフの共有点の座標を求めよ。

8b 標準 2つの関数 $y=-\sqrt{3-x}$, $y=x-1$ について，次の問いに答えよ。

(1) 2つの関数のグラフの共有点の座標を求めよ。

(2) グラフを利用して，不等式 $\sqrt{x-1}<-x+3$ を解け。

(2) グラフを利用して，不等式 $-\sqrt{3-x}\geqq x-1$ を解け。

3 逆関数・合成関数

KEY 8
逆関数の求め方

① $y=f(x)$ を x について解き，$x=g(y)$ の形に変形する。
② x と y を入れかえて，$y=g(x)$ とする。
③ 定義域に注意する（関数とその逆関数では，定義域と値域が入れかわる）。

例 9 $y=\dfrac{1}{2}x+2$ の逆関数を求めよ。

解答 $y=\dfrac{1}{2}x+2$ を x について解くと $\quad x=2y-4$

よって，求める逆関数は，x と y を入れかえて $\quad \boldsymbol{y=2x-4}$

9a 基本 $y=-\dfrac{1}{2}x+4$ の逆関数を求めよ。

9b 基本 $y=-4x-6$ の逆関数を求めよ。

例 10 $y=2x-3 \ (-2\leqq x\leqq3)$ の逆関数を求めよ。

解答 この関数の値域は $\quad -7\leqq y\leqq 3$

$y=2x-3$ を x について解くと $\quad x=\dfrac{1}{2}y+\dfrac{3}{2}$

よって，求める逆関数は，x と y を入れかえて $\quad \boldsymbol{y=\dfrac{1}{2}x+\dfrac{3}{2}} \ (-7\leqq x\leqq3)$

10a 基本 $y=3x-1 \ (1\leqq x\leqq4)$ の逆関数を求めよ。

10b 基本 $y=\dfrac{1}{3}x+2 \ (-3\leqq x\leqq-1)$ の逆関数を求めよ。

11 $y=\dfrac{2x}{x-1}$ の逆関数を求めよ。

$y=\dfrac{2x}{x-1}=\dfrac{2}{x-1}+2$ であるから，この関数の値域は $y\neq2$　　◀直線 $y=2$ は漸近線

$y(x-1)=2x$ より $(y-2)x=y$　　◀関数の式の両辺に $x-1$ を掛け，x について整理する。

$y\neq2$ であるから $x=\dfrac{y}{y-2}$

よって，求める逆関数は，x と y を入れかえて $\boldsymbol{y=\dfrac{x}{x-2}}$

11a 基本 関数 $y=\dfrac{3x+1}{x+2}$ の逆関数を求めよ。

11b 基本 関数 $y=\dfrac{-2x-1}{x-3}$ の逆関数を求めよ。

12a 基本 次の関数の逆関数を求めよ。

(1) $y=\left(\dfrac{1}{3}\right)^x$

(2) $y=\log_2(x+1)$

12b 基本 次の関数の逆関数を求めよ。

(1) $y=2^{-x+3}$

(2) $y=\log_{\frac{1}{2}}x-1$

KEY 9

合成関数

2つの関数 $f(x)$, $g(x)$ が与えられたとき，$g(f(x))$ を $f(x)$ と $g(x)$ の合成関数という。また，$g(f(x))$ を $(g{\circ}f)(x)$ とも表す。

例 12 関数 $f(x)=x-1$, $g(x)=x^3$ について，合成関数 $(g{\circ}f)(x)$ と $(f{\circ}g)(x)$ をそれぞれ求めよ。

解答
$(g{\circ}f)(x)=g(f(x))=g(x-1)=(x-1)^3$
$(f{\circ}g)(x)=f(g(x))=f(x^3)=x^3-1$

13a 基本 次の関数 $f(x)$, $g(x)$ について，合成関数 $(g{\circ}f)(x)$ と $(f{\circ}g)(x)$ をそれぞれ求めよ。

(1) $f(x)=x+1$, $g(x)=2x^2$

(2) $f(x)=x-1$, $g(x)=2^x$

13b 基本 次の関数 $f(x)$, $g(x)$ について，合成関数 $(g{\circ}f)(x)$ と $(f{\circ}g)(x)$ をそれぞれ求めよ。

(1) $f(x)=2x$, $g(x)=\sin x$

(2) $f(x)=2x^2$, $g(x)=\sqrt{x+1}$

考えてみよう 2 2つの関数 $f(x)=2x+3$, $g(x)=ax+b$ が $(f{\circ}g)(x)=x$ を満たすような定数 a, b の値を求めてみよう。また，このとき $g(x)$ が $f(x)$ の逆関数となっていることを確かめてみよう。

例題 **1** 分数不等式（グラフを利用しない解法）

不等式 $x+2<\dfrac{3x+1}{x-1}$ を解け。

....

【ガイド】 $x-1$ の符号によって場合分けをしてから，両辺に $x-1$ を掛けて分母を払う。

解答 $x+2<\dfrac{3x+1}{x-1}$ ……① とおく。

(i) $x-1>0$ すなわち，$x>1$ のとき

①の両辺に $x-1$ を掛けて $\qquad (x+2)(x-1)<3x+1$

よって $\qquad x^2-2x-3<0 \qquad (x+1)(x-3)<0 \qquad -1<x<3$

$x>1$ であるから $\qquad 1<x<3$

(ii) $x-1<0$ すなわち，$x<1$ のとき

①の両辺に $x-1$ を掛けて $\qquad (x+2)(x-1)>3x+1$ ◀不等号の向きが変わる。

よって $\qquad x^2-2x-3>0 \qquad (x+1)(x-3)>0 \qquad x<-1,\ 3<x$

$x<1$ であるから $\qquad x<-1$

(i)，(ii)より，不等式①の解は $\qquad \boldsymbol{x<-1,\ 1<x<3}$

練習 **1** 次の不等式を解け。

(1) $\dfrac{2x}{x+3}>1$

(2) $x-1\leqq\dfrac{2x-1}{x+1}$

例題 2 　無理関数のグラフと直線

　　直線 $y=x+a$ が曲線 $y=\sqrt{2x+1}$ に接するとき，定数 a の値を求めよ。

【ガイド】 方程式 $x+a=\sqrt{2x+1}$ の両辺を 2 乗して得られた 2 次方程式の判別式 D が，$D=0$ のときの a の値を求める。

解 答 y を消去すると　$x+a=\sqrt{2x+1}$　　　　　……①

①の両辺を 2 乗して整理すると

　　$x^2+2(a-1)x+a^2-1=0$　　　　　……②

②の判別式を D とすると

　　$D=\{2(a-1)\}^2-4\cdot1\cdot(a^2-1)=-8(a-1)$

直線と曲線が接するのは，$D=0$ のときであるから

　　$a-1=0$

これを解いて　$a=1$

このとき，$y=\sqrt{2x+1}$，$y=x+1$ のグラフは，図のように接している。　　　**答** 　$a=1$

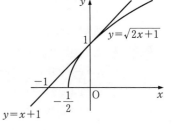

練習 2 　直線 $y=\dfrac{1}{2}x+a$ が曲線 $y=2\sqrt{x-1}$ に接するとき，定数 a の値を求めよ。

例題 3 定義域に制限がある2次関数の逆関数

関数 $y=x^2+3$ $(x\geqq0)$ の逆関数を求めよ。

【ガイド】 関数 $y=x^2+3$ は，たとえば $y=4$ のとき，$x=\pm1$ となり，x の値はただ1つに定まらない。

しかし，定義域を制限した関数 $y=x^2+3$ $(x\geqq0)$ では，y の値に対応する x の値がただ1つ定まり，逆関数が存在する。

定義域と値域に注意して，$x=g(y)$ の形に変形する。

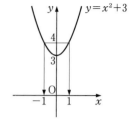

解答 この関数の値域は $y\geqq3$

$y=x^2+3$ より $x^2=y-3$

$y-3\geqq0$ であるから $x=\pm\sqrt{y-3}$

$x\geqq0$ であるから $x=\sqrt{y-3}$

よって，求める逆関数は $\boldsymbol{y=\sqrt{x-3}}$

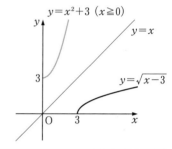

練習 3 次の関数の逆関数を求めよ。

(1) $y=\dfrac{1}{2}x^2-3$ $(x\geqq0)$

(2) $y=\sqrt{x-2}$

2節 数列の極限

1 数列の収束・発散

KEY 10
数列の収束・発散

数列の極限	収束する	値 α に収束する	極限は	α
	発散する	正の無限大に発散する	極限は	∞
		負の無限大に発散する	極限は	$-\infty$
		振動する	極限は	ない

例 13 数列 1, $\sqrt{2}$, $\sqrt{3}$, ……, $\sqrt{n}$, …… の極限を調べよ。

解答 n を限りなく大きくすると，$\sqrt{n}$ は限りなく大きくなる。
よって，正の無限大に発散する。

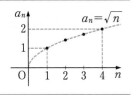

14a 基本 次の数列の極限を調べよ。

(1) 3, $\dfrac{3}{2}$, 1, ……, $\dfrac{3}{n}$, ……

(2) 1, 4, 7, ……, $3n-2$, ……

(3) -1, 2, -3, ……, $(-1)^n n$, ……

14b 基本 次の数列の極限を調べよ。

(1) 0, -3, -8, ……, $1-n^2$, ……

(2) -1, $\dfrac{1}{2}$, $-\dfrac{1}{3}$, ……, $\dfrac{(-1)^n}{n}$, ……

(3) $\cos\pi$, $\cos 2\pi$, $\cos 3\pi$, ……, $\cos n\pi$, ……

2 極限の性質

KEY 11
数列の極限値の性質

$\lim\limits_{n\to\infty}a_n=\alpha$, $\lim\limits_{n\to\infty}b_n=\beta$ ならば

1. $\lim\limits_{n\to\infty}ka_n=k\alpha$ ただし，k は定数

2. $\lim\limits_{n\to\infty}(a_n+b_n)=\alpha+\beta$, $\lim\limits_{n\to\infty}(a_n-b_n)=\alpha-\beta$

3. $\lim\limits_{n\to\infty}a_nb_n=\alpha\beta$ 　　4. $\lim\limits_{n\to\infty}\dfrac{a_n}{b_n}=\dfrac{\alpha}{\beta}$ ただし $\beta\neq0$

例 14 $\lim\limits_{n\to\infty}a_n=-2$, $\lim\limits_{n\to\infty}b_n=3$ のとき，$\lim\limits_{n\to\infty}\dfrac{a_n+1}{2a_n-b_n}$ を求めよ。

解答 $\lim\limits_{n\to\infty}\dfrac{a_n+1}{2a_n-b_n}=\dfrac{\lim\limits_{n\to\infty}(a_n+1)}{\lim\limits_{n\to\infty}(2a_n-b_n)}=\dfrac{-2+1}{2\cdot(-2)-3}=\dfrac{1}{7}$

15a 基本 $\lim\limits_{n\to\infty}a_n=4$, $\lim\limits_{n\to\infty}b_n=-1$ のとき，次
の極限値を求めよ。

(1) $\lim\limits_{n\to\infty}(2a_n+3b_n)$

(2) $\lim\limits_{n\to\infty}\dfrac{2a_n-1}{b_n+3}$

15b 基本 $\lim\limits_{n\to\infty}a_n=-2$, $\lim\limits_{n\to\infty}b_n=-3$ のとき，
次の極限値を求めよ。

(1) $\lim\limits_{n\to\infty}2a_nb_n$

(2) $\lim\limits_{n\to\infty}\dfrac{3a_n-b_n}{a_n+b_n}$

検
印

KEY 12
数列の極限(1)

一般項が分数式で，分母の次数が k のときは，分母と分子を n^k で割る。

例 15 次の極限を求めよ。

(1) $\lim\limits_{n\to\infty}\dfrac{3n^2-5n}{n^2+1}$ 　　(2) $\lim\limits_{n\to\infty}\dfrac{n+3}{n^3+1}$ 　　(3) $\lim\limits_{n\to\infty}\dfrac{2n^2-n-4}{3n-2}$

解答 (1) $\lim\limits_{n\to\infty}\dfrac{3n^2-5n}{n^2+1}=\lim\limits_{n\to\infty}\dfrac{3-\dfrac{5}{n}}{1+\dfrac{1}{n^2}}=\dfrac{3}{1}=3$ 　　(2) $\lim\limits_{n\to\infty}\dfrac{n+3}{n^3+1}=\lim\limits_{n\to\infty}\dfrac{\dfrac{1}{n^2}+\dfrac{3}{n^3}}{1+\dfrac{1}{n^3}}=\dfrac{0}{1}=0$

(3) $\lim\limits_{n\to\infty}\dfrac{2n^2-n-4}{3n-2}=\lim\limits_{n\to\infty}\dfrac{2n-1-\dfrac{4}{n}}{3-\dfrac{2}{n}}=\infty$

16a 標準 次の極限を求めよ。

(1) $\displaystyle \lim_{n\to\infty} \frac{6n+1}{3n-4}$

(2) $\displaystyle \lim_{n\to\infty} \frac{n+4}{3n^2+n-2}$

(3) $\displaystyle \lim_{n\to\infty} \frac{3n^2-n+6}{5n^2+4n-1}$

(4) $\displaystyle \lim_{n\to\infty} \frac{n^2+4n+5}{n-1}$

16b 標準 次の極限を求めよ。

(1) $\displaystyle \lim_{n\to\infty} \frac{1-3n}{n-1}$

(2) $\displaystyle \lim_{n\to\infty} \frac{n^2-2n+3}{n^3-4}$

(3) $\displaystyle \lim_{n\to\infty} \frac{4n^2+7n-3}{6n^2-2n-3}$

(4) $\displaystyle \lim_{n\to\infty} \frac{n^3-3n}{n^2+2n-1}$

考えてみよう 3 分母・分子にそれぞれ数列の和の公式を利用して，$\displaystyle \lim_{n\to\infty} \frac{1+3+5+\cdots\cdots+(2n-1)}{1+2+3+\cdots\cdots+n}$ を求めてみよう。

検印

数列の極限(2)

例 **16**　$\lim\limits_{n\to\infty}(n^3-3n)$ を求めよ。

解答　$\lim\limits_{n\to\infty}(n^3-3n)=\lim\limits_{n\to\infty}n^3\left(1-\dfrac{3}{n^2}\right)=\infty$

17a 標準 次の極限を求めよ。

(1)　$\lim\limits_{n\to\infty}(2n^2-5n)$

17b 標準 次の極限を求めよ。

(1)　$\lim\limits_{n\to\infty}(4n^3-3n^4)$

(2)　$\lim\limits_{n\to\infty}(-n^3+3n^2+n)$

(2)　$\lim\limits_{n\to\infty}(3n^3+n^2-7n-1)$

検
印

数列の極限(3)

例 **17**　$\lim\limits_{n\to\infty}(\sqrt{n^2+2n}-n)$ を求めよ。

解答　$\sqrt{n^2+2n}-n=\dfrac{(\sqrt{n^2+2n}-n)(\sqrt{n^2+2n}+n)}{\sqrt{n^2+2n}+n}$　◀$\sqrt{n^2+2n}-n=\dfrac{\sqrt{n^2+2n}-n}{1}$ とみて，

$\qquad\qquad\qquad$ 分母と分子に $\sqrt{n^2+2n}+n$ を掛ける。

$\qquad\qquad\quad=\dfrac{(n^2+2n)-n^2}{\sqrt{n^2+2n}+n}$

$\qquad\qquad\quad=\dfrac{2n}{\sqrt{n^2+2n}+n}$

$\qquad\qquad\quad=\dfrac{2}{\sqrt{1+\dfrac{2}{n}}+1}$　◀分母と分子を n で割る。

よって　$\lim\limits_{n\to\infty}(\sqrt{n^2+2n}-n)=\lim\limits_{n\to\infty}\dfrac{2}{\sqrt{1+\dfrac{2}{n}}+1}=1$

18a 標準 次の極限値を求めよ。

(1) $\lim_{n\to\infty}(\sqrt{2n+1}-\sqrt{2n})$

(2) $\lim_{n\to\infty}(\sqrt{n^2-n}-n)$

18b 標準 次の極限値を求めよ。

(1) $\lim_{n\to\infty}(\sqrt{n+2}-\sqrt{n-1})$

(2) $\lim_{n\to\infty}(\sqrt{n^2-2n+3}-n)$

KEY 15 $\lim_{n\to\infty}a_n=\lim_{n\to\infty}b_n=\alpha$ のとき，すべての n について $a_n\leqq c_n\leqq b_n$ ならば $\lim_{n\to\infty}c_n=\alpha$

はさみうちの原理

例 **18** $\lim_{n\to\infty}\dfrac{1}{n}\sin\dfrac{n\pi}{3}$ を求めよ。

解答 $-1\leqq\sin\dfrac{n\pi}{3}\leqq1$ より $\quad-\dfrac{1}{n}\leqq\dfrac{1}{n}\sin\dfrac{n\pi}{3}\leqq\dfrac{1}{n}$

$\lim_{n\to\infty}\left(-\dfrac{1}{n}\right)=0,\ \lim_{n\to\infty}\dfrac{1}{n}=0$ であるから $\quad\lim_{n\to\infty}\dfrac{1}{n}\sin\dfrac{n\pi}{3}=0$

19a 標準 $\lim_{n\to\infty}\dfrac{1}{n^2}\cos2n\theta$ を求めよ。

19b 標準 $\lim_{n\to\infty}\dfrac{(-1)^n}{n}$ を求めよ。

3 等比数列の極限

KEY 16
数列 $\{r^n\}$ の極限

$r>1$ のとき	$\displaystyle\lim_{n\to\infty}r^n=\infty$
$r=1$ のとき	$\displaystyle\lim_{n\to\infty}r^n=1$
$|r|<1$ のとき	$\displaystyle\lim_{n\to\infty}r^n=0$
$r\leqq-1$ のとき	振動する（極限はない）

例 19 $\displaystyle\lim_{n\to\infty}\left(-\frac{\sqrt{7}}{3}\right)^n$ を求めよ。

解答 $\left|-\dfrac{\sqrt{7}}{3}\right|<1$ より $\displaystyle\lim_{n\to\infty}\left(-\frac{\sqrt{7}}{3}\right)^n=0$ ◀ $\sqrt{7}<3$ より $\dfrac{\sqrt{7}}{3}<1$

20a 基本 一般項が次の式で表される数列の極限を調べよ。

(1) $\left(-\dfrac{4}{3}\right)^n$

(2) $(\sqrt{5}-1)^n$

(3) $\dfrac{(\sqrt{10})^n}{4^n}$

20b 基本 一般項が次の式で表される数列の極限を調べよ。

(1) $\left(-\dfrac{1}{2}\right)^n$

(2) $\left(\dfrac{1}{1-\sqrt{2}}\right)^n$

(3) $\dfrac{2^n}{(\sqrt{3})^n}$

例 20 次の極限を求めよ。

(1) $\displaystyle\lim_{n\to\infty}\frac{2^{n+2}}{3^n-1}$

(2) $\displaystyle\lim_{n\to\infty}\frac{5^n-(-3)^n}{4^n+(-3)^n}$

解答

(1) $\displaystyle\lim_{n\to\infty}\frac{2^{n+2}}{3^n-1}=\lim_{n\to\infty}\frac{4\left(\dfrac{2}{3}\right)^n}{1-\left(\dfrac{1}{3}\right)^n}=0$ ◀ $\dfrac{2^{n+2}}{3^n}=\dfrac{2^2\cdot2^n}{3^n}=4\left(\dfrac{2}{3}\right)^n$

(2) $\displaystyle\lim_{n\to\infty}\frac{5^n-(-3)^n}{4^n+(-3)^n}=\lim_{n\to\infty}\frac{\left(\dfrac{5}{4}\right)^n-\left(-\dfrac{3}{4}\right)^n}{1+\left(-\dfrac{3}{4}\right)^n}=\infty$

21a 標準 次の極限を求めよ。

(1) $\displaystyle\lim_{n\to\infty}\frac{5^n-2^n}{5^n+3^n}$

(2) $\displaystyle\lim_{n\to\infty}\frac{2^{n+1}}{2^n-3^n}$

(3) $\displaystyle\lim_{n\to\infty}\frac{7^n-(-2)^n}{5^n-(-3)^n}$

21b 標準 次の極限を求めよ。

(1) $\displaystyle\lim_{n\to\infty}\frac{4^n-3^n}{2^n-3^n}$

(2) $\displaystyle\lim_{n\to\infty}\frac{4^{n+1}-3^n}{4^n}$

(3) $\displaystyle\lim_{n\to\infty}\frac{(-3)^n-1}{(-2)^n+1}$

KEY 17 数列 $\{r^n\}$ が収束する $\Longleftrightarrow -1<r\leqq 1$

数列 $\{r^n\}$ の収束条件

例 **21** 次の等比数列が収束するような x の値の範囲を求めよ。

$$3,\ 9x,\ 27x^2,\ \cdots\cdots$$

解答 公比は $3x$ であるから， $-1<3x\leqq 1$ より $-\dfrac{1}{3}<x\leqq\dfrac{1}{3}$

22a 基本 次の等比数列が収束するような x の値の範囲を求めよ。

$$1,\ 1+x,\ (1+x)^2,\ \cdots\cdots$$

22b 基本 次の等比数列が収束するような x の値の範囲を求めよ。

$$1,\ \frac{x}{2},\ \frac{x^2}{4},\ \cdots\cdots$$

KEY 18 無限級数の収束・発散	無限級数の収束・発散は，第 n 項までの部分和 S_n を求め，$\{S_n\}$ の収束・発散を調べる。 $\{S_n\}$ が収束し，$\displaystyle\lim_{n\to\infty}S_n=S$ $\iff$ 無限級数は収束し，その和は S $\{S_n\}$ が発散する $\iff$ 無限級数は発散する

例 22 次の無限級数が収束することを示し，その和を求めよ。

$$\frac{1}{2\cdot3}+\frac{1}{3\cdot4}+\frac{1}{4\cdot5}+\cdots\cdots+\frac{1}{(n+1)(n+2)}+\cdots\cdots$$

解答 第 n 項までの部分和を S_n とすると

$$S_n=\frac{1}{2\cdot3}+\frac{1}{3\cdot4}+\frac{1}{4\cdot5}+\cdots\cdots+\frac{1}{(n+1)(n+2)}$$

$$=\left(\frac{1}{2}-\frac{1}{3}\right)+\left(\frac{1}{3}-\frac{1}{4}\right)+\left(\frac{1}{4}-\frac{1}{5}\right)+\cdots\cdots+\left(\frac{1}{n+1}-\frac{1}{n+2}\right)=\frac{1}{2}-\frac{1}{n+2}$$

よって $\displaystyle\lim_{n\to\infty}S_n=\lim_{n\to\infty}\left(\frac{1}{2}-\frac{1}{n+2}\right)=\frac{1}{2}$

したがって，この無限級数は収束し，その和は $\dfrac{1}{2}$ である。

23a 標準 $\dfrac{1}{(2n+1)(2n+3)}=\dfrac{1}{2}\left(\dfrac{1}{2n+1}-\dfrac{1}{2n+3}\right)$ であることを利用して，次の無限級数が収束することを示し，その和を求めよ。

$$\frac{1}{3\cdot5}+\frac{1}{5\cdot7}+\frac{1}{7\cdot9}+\cdots\cdots+\frac{1}{(2n+1)(2n+3)}+\cdots\cdots$$

23b 標準 $\dfrac{1}{(3n-2)(3n+1)}=\dfrac{1}{3}\left(\dfrac{1}{3n-2}-\dfrac{1}{3n+1}\right)$ であることを利用して，次の無限級数が収束することを示し，その和を求めよ。

$$\frac{1}{1\cdot4}+\frac{1}{4\cdot7}+\frac{1}{7\cdot10}+\cdots\cdots+\frac{1}{(3n-2)(3n+1)}+\cdots\cdots$$

検印

KEY 19
無限等比級数の収束・発散

無限等比級数 $a+ar+ar^2+\cdots\cdots+ar^{n-1}+\cdots\cdots$ は

$a\neq0$ のとき，$|r|<1$ ならば収束し，その和は $\dfrac{a}{1-r}$ である。

$|r|\geqq1$ ならば発散する。

$a=0$ のとき，収束し，その和は 0 である。

例 23 無限等比級数 $32-16+8-4+\cdots\cdots$ の収束・発散を調べ，収束するときはその和を求めよ。

解答 初項 32，公比 $r=-\dfrac{1}{2}$ で，$|r|<1$ であるから，**収束する。**

その和は $\dfrac{32}{1-\left(-\dfrac{1}{2}\right)}=\dfrac{64}{3}$

24a [基本] 次の無限等比級数の収束・発散を調べ，収束するときはその和を求めよ。

(1) $12+6+3+\dfrac{3}{2}+\cdots\cdots$

(2) $3+3\sqrt{2}+6+6\sqrt{2}+\cdots\cdots$

24b [基本] 次の無限等比級数の収束・発散を調べ，収束するときはその和を求めよ。

(1) $1-\dfrac{1}{\sqrt{2}}+\dfrac{1}{2}-\dfrac{1}{2\sqrt{2}}+\cdots\cdots$

(2) $5-5+5-5+\cdots\cdots$

考えてみよう 4 次の無限等比級数が収束するような x の値の範囲を求めてみよう。

$1+(2-x)+(2-x)^2+(2-x)^3+\cdots\cdots$

図形への応用

例 24 数直線上の点 P が，原点を出発して，正の向きに 1，負の向きに $\dfrac{1}{2}$，正の向きに $\dfrac{1}{2^2}$，負の向きに $\dfrac{1}{2^3}$，…… と進むとき，点 P が近づく点の座標を求めよ。

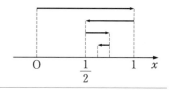

解答 点 P が近づく点の座標は　$1 - \dfrac{1}{2} + \dfrac{1}{2^2} - \dfrac{1}{2^3} + \cdots\cdots$

これは，初項 1，公比 $-\dfrac{1}{2}$ の無限等比級数であるから，収束し，その和は

$$\frac{1}{1 - \left(-\dfrac{1}{2}\right)} = \frac{2}{3}$$

25a 標準 数直線上の点 P が，原点を出発して，正の向きに 1，負の向きに $\dfrac{1}{3}$，正の向きに $\dfrac{1}{3^2}$，負の向きに $\dfrac{1}{3^3}$，…… と進むとき，点 P が近づく点の座標を求めよ。

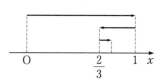

25b 標準 図のように，円 O_1, O_2, …… は，半直線 OA, OB に接しており，円 O_2, O_3, …… とそれぞれ外接している。円 O_1 の半径を r，$\angle AOB = 60°$ とするとき，円 O_1, O_2, O_3, …… の面積の総和 S を求めよ。

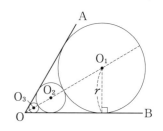

KEY 21　循環小数を無限等比級数で表し，その和を求める。

循環小数

例 **25** 循環小数 $0.1\dot{4}\dot{5}$ を分数になおせ。

解答　　　$0.1\dot{4}\dot{5} = 0.1 + 0.045 + 0.00045 + 0.0000045 + \cdots\cdots$

右辺の第 2 項以降は，初項0.045，公比0.01の無限等比級数であるから，収束する。

よって　　$0.1\dot{4}\dot{5} = 0.1 + \dfrac{0.045}{1 - 0.01} = \dfrac{1}{10} + \dfrac{45}{990} = \dfrac{144}{990} = \dfrac{8}{55}$

26a 標準 次の循環小数を分数になおせ。

(1)　$0.\dot{4}\dot{5}$

26b 標準 次の循環小数を分数になおせ。

(1)　$0.1\dot{2}\dot{5}$

(2)　$2.3\dot{4}$

(2)　$0.5\dot{1}\dot{8}$

$$\sum_{n=1}^{\infty} a_n = S, \quad \sum_{n=1}^{\infty} b_n = T \text{ ならば}$$

1 $\displaystyle\sum_{n=1}^{\infty} k a_n = kS$ ただし，k は定数

2 $\displaystyle\sum_{n=1}^{\infty} (a_n + b_n) = S + T, \qquad \sum_{n=1}^{\infty} (a_n - b_n) = S - T$

例 26 無限級数 $\displaystyle\sum_{n=1}^{\infty} \left\{ \dfrac{1}{3^n} - 3\left(-\dfrac{1}{2}\right)^n \right\}$ の和を求めよ。

解答 $\displaystyle\sum_{n=1}^{\infty} \dfrac{1}{3^n}$ は，初項 $\dfrac{1}{3}$，公比 $\dfrac{1}{3}$ の無限等比級数であり，$\displaystyle\sum_{n=1}^{\infty} 3\left(-\dfrac{1}{2}\right)^n$ は，初項 $-\dfrac{3}{2}$，公比 $-\dfrac{1}{2}$ の無限等比級数であるから，2 つの無限級数は収束する。

よって，与えられた無限級数も収束し，その和は

$$\sum_{n=1}^{\infty} \left\{ \dfrac{1}{3^n} - 3\left(-\dfrac{1}{2}\right)^n \right\} = \sum_{n=1}^{\infty} \dfrac{1}{3^n} - \sum_{n=1}^{\infty} 3\left(-\dfrac{1}{2}\right)^n = \dfrac{\dfrac{1}{3}}{1 - \dfrac{1}{3}} - \dfrac{-\dfrac{3}{2}}{1 - \left(-\dfrac{1}{2}\right)} = \dfrac{1}{2} + 1 = \dfrac{3}{2}$$

27a 標準 次の無限級数の和を求めよ。

(1) $\displaystyle\sum_{n=1}^{\infty} \left(\dfrac{1}{4^n} + \dfrac{2}{3^n} \right)$

(2) $\displaystyle\sum_{n=1}^{\infty} \dfrac{2^n - 3}{5^n}$

27b 標準 次の無限級数の和を求めよ。

(1) $\displaystyle\sum_{n=1}^{\infty} \left(\dfrac{1}{2^n} - \dfrac{5}{3^n} \right)$

(2) $\displaystyle\sum_{n=1}^{\infty} \dfrac{3^n - (-2)^n}{6^n}$

例題 4 r^n を含む式の極限

数列 $\left\{\dfrac{2r^n}{1+r^n}\right\}$ の極限を次の場合について求めよ。

(1) $|r|>1$　　　　　　(2) $r=1$　　　　　　(3) $|r|<1$

【ガイド】 (1) $|r|>1$ のとき，$\{r^n\}$ は発散するが，

$\left\{\left(\dfrac{1}{r}\right)^n\right\}$ は 0 に収束することに着目する。　◀ $|r|>1$ のとき $\left|\dfrac{1}{r}\right|<1$

数列 $\{r^n\}$ の極限	
$r>1$ のとき	$\displaystyle\lim_{n\to\infty}r^n=\infty$
$r=1$ のとき	$\displaystyle\lim_{n\to\infty}r^n=1$
$|r|<1$ のとき	$\displaystyle\lim_{n\to\infty}r^n=0$
$r\leqq-1$ のとき	振動する

解答 (1) $\left|\dfrac{1}{r}\right|<1$ であるから　　$\displaystyle\lim_{n\to\infty}\left(\dfrac{1}{r}\right)^n=0$

よって　　$\displaystyle\lim_{n\to\infty}\dfrac{2r^n}{1+r^n}=\lim_{n\to\infty}\dfrac{2}{\left(\dfrac{1}{r}\right)^n+1}=\dfrac{2}{0+1}=\boldsymbol{2}$　◀分母と分子を r^n で割る。

(2) $r^n=1$ であるから　　$\displaystyle\lim_{n\to\infty}\dfrac{2r^n}{1+r^n}=\dfrac{2\cdot1}{1+1}=\boldsymbol{1}$

(3) $\displaystyle\lim_{n\to\infty}r^n=0$ であるから　　$\displaystyle\lim_{n\to\infty}\dfrac{2r^n}{1+r^n}=\dfrac{0}{1+0}=\boldsymbol{0}$

練習 4 数列 $\left\{\dfrac{2}{3+r^n}\right\}$ の極限を次の場合について求めよ。

(1) $|r|>1$

(2) $r=1$

(3) $|r|<1$

次の無限級数の収束・発散を調べよ。

$$\frac{1}{\sqrt{2}+\sqrt{3}}+\frac{1}{\sqrt{3}+\sqrt{4}}+\frac{1}{\sqrt{4}+\sqrt{5}}+\cdots\cdots+\frac{1}{\sqrt{n+1}+\sqrt{n+2}}+\cdots\cdots$$

【ガイド】 第 n 項の分母を有理化して，第 n 項までの部分和を求める。

解 答 無限級数の第 n 項は

$$\frac{1}{\sqrt{n+1}+\sqrt{n+2}}=\frac{\sqrt{n+1}-\sqrt{n+2}}{(\sqrt{n+1}+\sqrt{n+2})(\sqrt{n+1}-\sqrt{n+2})}$$

$$=\frac{\sqrt{n+1}-\sqrt{n+2}}{(n+1)-(n+2)}=\frac{\sqrt{n+1}-\sqrt{n+2}}{-1}=\sqrt{n+2}-\sqrt{n+1}$$

であるから，第 n 項までの部分和を S_n とすると

$$S_n=(\sqrt{3}-\sqrt{2})+(\sqrt{4}-\sqrt{3})+(\sqrt{5}-\sqrt{4})+\cdots\cdots+(\sqrt{n+2}-\sqrt{n+1})$$

$$=\sqrt{n+2}-\sqrt{2}$$

よって　$\lim_{n\to\infty}S_n=\lim_{n\to\infty}(\sqrt{n+2}-\sqrt{2})=\infty$

したがって，この無限級数は**発散する**。

練 習
5

次の無限級数の収束・発散を調べよ。

$$\frac{1}{\sqrt{2}+\sqrt{4}}+\frac{1}{\sqrt{4}+\sqrt{6}}+\frac{1}{\sqrt{6}+\sqrt{8}}+\cdots\cdots+\frac{1}{\sqrt{2n}+\sqrt{2n+2}}+\cdots\cdots$$

例題 6 漸化式によって定義される数列の極限値

$a_1=1$, $a_{n+1}=\dfrac{1}{3}a_n+2$ で定義される数列 $\{a_n\}$ の極限値を求めよ。

【ガイド】 与えられた漸化式を $a_{n+1}-\alpha=p(a_n-\alpha)$ の形に変形して，数列 $\{a_n-\alpha\}$ の一般項を求める。

解答 与えられた漸化式を変形すると $a_{n+1}-3=\dfrac{1}{3}(a_n-3)$

$b_n=a_n-3$ とおくと $b_{n+1}=\dfrac{1}{3}b_n$, $b_1=a_1-3=-2$

よって $b_n=-2\left(\dfrac{1}{3}\right)^{n-1}$ ◀ $\{b_n\}$ は初項 -2, 公比 $\dfrac{1}{3}$ の等比数列

これを $b_n=a_n-3$ に代入して整理すると $a_n=-2\left(\dfrac{1}{3}\right)^{n-1}+3$

したがって $\displaystyle\lim_{n\to\infty}a_n=\lim_{n\to\infty}\left\{-2\left(\dfrac{1}{3}\right)^{n-1}+3\right\}=\mathbf{3}$

練習 6 次のように定義される数列 $\{a_n\}$ の極限値を求めよ。

(1) $a_1=1$, $a_{n+1}=\dfrac{1}{2}a_n+2$

(2) $a_1=2$, $a_{n+1}=-\dfrac{1}{3}a_n-4$

1 関数の極限

KEY 23
関数の極限値の性質

$\lim_{x \to a} f(x) = \alpha$, $\lim_{x \to a} g(x) = \beta$ ならば

① $\lim_{x \to a} kf(x) = k\alpha$　　　ただし, k は定数

② $\lim_{x \to a} \{f(x) + g(x)\} = \alpha + \beta$,　　$\lim_{x \to a} \{f(x) - g(x)\} = \alpha - \beta$

③ $\lim_{x \to a} f(x)g(x) = \alpha\beta$　　　④ $\lim_{x \to a} \dfrac{f(x)}{g(x)} = \dfrac{\alpha}{\beta}$　　ただし $\beta \neq 0$

例 27 $\lim_{x \to -2} x^2(x-1)$ を求めよ。

解答　$\lim_{x \to -2} x^2(x-1) = (-2)^2 \cdot (-2-1) = -12$

28a 基本 次の極限値を求めよ。

(1) $\lim_{x \to 1}(2x^2 - 3x + 1)$

(2) $\lim_{x \to 3}\sqrt{5x+1}$

28b 基本 次の極限値を求めよ。

(1) $\lim_{x \to -1} \dfrac{6x^2 + 3x + 1}{x - 1}$

(2) $\lim_{x \to 0} \log_2(x+4)$

検
印

KEY 24
$\dfrac{0}{0}$ の不定形の極限値

① 分数式のときは, 分母または分子を因数分解して約分する。

② 無理式のときは, 分母または分子を有理化する。

例 28 次の極限値を求めよ。

(1) $\lim_{x \to 1} \dfrac{x^2 + x - 2}{x - 1}$　　　　(2) $\lim_{x \to 2} \dfrac{\sqrt{x+2} - 2}{x - 2}$

解答　(1) $\lim_{x \to 1} \dfrac{x^2 + x - 2}{x - 1} = \lim_{x \to 1} \dfrac{(x-1)(x+2)}{x-1} = \lim_{x \to 1}(x+2) = 3$

(2) $\lim_{x \to 2} \dfrac{\sqrt{x+2} - 2}{x - 2} = \lim_{x \to 2} \dfrac{(\sqrt{x+2}-2)(\sqrt{x+2}+2)}{(x-2)(\sqrt{x+2}+2)} = \lim_{x \to 2} \dfrac{(x+2)-4}{(x-2)(\sqrt{x+2}+2)}$

$= \lim_{x \to 2} \dfrac{x-2}{(x-2)(\sqrt{x+2}+2)} = \lim_{x \to 2} \dfrac{1}{\sqrt{x+2}+2} = \dfrac{1}{4}$

29a 標準 次の極限値を求めよ。

(1) $\displaystyle\lim_{x\to 3}\frac{x-3}{x^2-2x-3}$

(2) $\displaystyle\lim_{x\to 1}\frac{x^2-x}{x^2+x-2}$

29b 標準 次の極限値を求めよ。

(1) $\displaystyle\lim_{x\to 2}\frac{x^3-8}{x-2}$

(2) $\displaystyle\lim_{x\to 2}\frac{2x^2-5x+2}{x^2-4}$

30a 標準 次の極限値を求めよ。

(1) $\displaystyle\lim_{x\to 0}\frac{\sqrt{1+x}-1}{x}$

(2) $\displaystyle\lim_{x\to 6}\frac{x-6}{\sqrt{x-2}-2}$

30b 標準 次の極限値を求めよ。

(1) $\displaystyle\lim_{x\to 1}\frac{\sqrt{x}-\sqrt{2-x}}{x-1}$

(2) $\displaystyle\lim_{x\to -1}\frac{x+1}{\sqrt{x+5}-2}$

$\displaystyle\lim_{x\to a}g(x)=0$ のとき，$\displaystyle\lim_{x\to a}\dfrac{f(x)}{g(x)}$ が極限値をもつためには $\displaystyle\lim_{x\to a}f(x)=0$

例 29 等式 $\displaystyle\lim_{x\to 1}\dfrac{(a+1)x+b}{\sqrt{x}-1}=4$ が成り立つように，定数 a，b の値を定めよ。

解答 $\displaystyle\lim_{x\to 1}\dfrac{(a+1)x+b}{\sqrt{x}-1}=4$ かつ $\displaystyle\lim_{x\to 1}(\sqrt{x}-1)=0$ であるから $\displaystyle\lim_{x\to 1}\{(a+1)x+b\}=0$

よって $a+1+b=0$ すなわち $b=-(a+1)$ ……①

①を与えられた等式の左辺に代入して計算すると

$\displaystyle\lim_{x\to 1}\dfrac{(a+1)x-(a+1)}{\sqrt{x}-1}=\lim_{x\to 1}\dfrac{(a+1)(x-1)}{\sqrt{x}-1}=\lim_{x\to 1}\dfrac{(a+1)(x-1)(\sqrt{x}+1)}{(\sqrt{x}-1)(\sqrt{x}+1)}$

$\displaystyle=\lim_{x\to 1}\dfrac{(a+1)(x-1)(\sqrt{x}+1)}{x-1}=\lim_{x\to 1}(a+1)(\sqrt{x}+1)=2(a+1)$

したがって $2(a+1)=4$ ……②

①，②から $\boldsymbol{a=1}$，$\boldsymbol{b=-2}$

31a 標準 次の等式が成り立つように，定数 a，b の値を定めよ。

$$\lim_{x\to -2}\dfrac{x^2+ax+b}{x+2}=-3$$

31b 標準 次の等式が成り立つように，定数 a，b の値を定めよ。

$$\lim_{x\to 0}\dfrac{a\sqrt{x+1}+b}{x}=4$$

KEY 26

右側極限・左側極限

① $\displaystyle\lim_{x\to a+0} f(x) = \lim_{x\to a-0} f(x) = \alpha \Longleftrightarrow \lim_{x\to a} f(x) = \alpha$

② $\displaystyle\lim_{x\to a+0} f(x) \neq \lim_{x\to a-0} f(x) \Longleftrightarrow$ $x\to a$ のときの $f(x)$ の極限はない。

例 30 次の極限を求めよ。

(1) $\displaystyle\lim_{x\to 0}\frac{2x^2-x}{|x|}$

(2) $\displaystyle\lim_{x\to 1}|x-1|$

解答 (1) $f(x)=\dfrac{2x^2-x}{|x|}$ とおくと

$x>0$ のとき $f(x)=\dfrac{2x^2-x}{x}=2x-1$, $x<0$ のとき $f(x)=\dfrac{2x^2-x}{-x}=-2x+1$

であるから $\displaystyle\lim_{x\to+0} f(x)=-1,\ \lim_{x\to-0} f(x)=1$

よって, $x\to 0$ のときの $f(x)$ の極限はない。

(2) $f(x)=|x-1|$ とおくと

$x>1$ のとき $f(x)=x-1$, $x<1$ のとき $f(x)=-x+1$

であるから $\displaystyle\lim_{x\to 1+0} f(x)=0,\ \lim_{x\to 1-0} f(x)=0$

よって $\displaystyle\lim_{x\to 1}|x-1|=\mathbf{0}$

32a 基本 $\displaystyle\lim_{x\to-1}\frac{x^2-1}{|x+1|}$ を求めよ。

32b 基本 $\displaystyle\lim_{x\to-3}|x+3|$ を求めよ。

$$\lim_{x \to \infty} \frac{1}{x} = 0, \quad \lim_{x \to \infty} x^2 = \infty, \quad \lim_{x \to \infty} (-x^2) = -\infty, \quad \lim_{x \to \infty} x^3 = \infty$$

$$\lim_{x \to -\infty} \frac{1}{x} = 0, \quad \lim_{x \to -\infty} x^2 = \infty, \quad \lim_{x \to -\infty} (-x^2) = -\infty, \quad \lim_{x \to -\infty} x^3 = -\infty$$

などが成り立つ。次のような式変形をして，上のことを利用する。

① 多項式で次数が k のときは，x^k でくくる。

② 分数式で分母の次数が k のときは，分母と分子を x^k で割る。

③ 根号を含む式のときは，分母を 1 とみて分子を有理化する。

例 31 $\lim_{x \to \infty}(-x^3 + 2x)$ を求めよ。

解答 $\lim_{x \to \infty}(-x^3 + 2x) = \lim_{x \to \infty} x^3\left(-1 + \frac{2}{x^2}\right) = -\infty$ ◀符号に注意する。

33a 基本 次の極限を求めよ。

(1) $\lim_{x \to \infty}\left(1 - \frac{1}{x}\right)$

(2) $\lim_{x \to \infty}(x^2 - 5x)$

(3) $\lim_{x \to -\infty}(x^2 + 2x^3)$

33b 基本 次の極限を求めよ。

(1) $\lim_{x \to \infty} \frac{2}{1 - x^2}$

(2) $\lim_{x \to \infty}(-x^3 + 3x^2 - 2x)$

(3) $\lim_{x \to -\infty}(3x^2 - 9x)$

例 32 次の極限を求めよ。

(1) $\lim_{x \to \infty} \frac{2x^2 - 3x + 1}{3x^2 + 2x}$

(2) $\lim_{x \to -\infty} \frac{4x^2 - 3}{3x - 2}$

解答 (1) $\lim_{x \to \infty} \frac{2x^2 - 3x + 1}{3x^2 + 2x} = \lim_{x \to \infty} \frac{2 - \dfrac{3}{x} + \dfrac{1}{x^2}}{3 + \dfrac{2}{x}} = \frac{2}{3}$

(2) $\lim_{x \to -\infty} \frac{4x^2 - 3}{3x - 2} = \lim_{x \to -\infty} \frac{4x - \dfrac{3}{x}}{3 - \dfrac{2}{x}} = -\infty$

34a 標準 次の極限を求めよ。

(1) $\displaystyle\lim_{x\to\infty}\frac{x^2-3x+1}{x^2+1}$

(2) $\displaystyle\lim_{x\to-\infty}\frac{4x^2+x}{3x-2}$

34b 標準 次の極限を求めよ。

(1) $\displaystyle\lim_{x\to-\infty}\frac{2x+1}{x^2+x}$

(2) $\displaystyle\lim_{x\to\infty}\frac{3x^2+x+4}{-2x+1}$

例 **33** $\displaystyle\lim_{x\to\infty}(\sqrt{4x^2+1}-2x)$ を求めよ。

解答
$$\lim_{x\to\infty}(\sqrt{4x^2+1}-2x)=\lim_{x\to\infty}\frac{(\sqrt{4x^2+1}-2x)(\sqrt{4x^2+1}+2x)}{\sqrt{4x^2+1}+2x}=\lim_{x\to\infty}\frac{(4x^2+1)-(2x)^2}{\sqrt{4x^2+1}+2x}$$
$$=\lim_{x\to\infty}\frac{1}{\sqrt{4x^2+1}+2x}=0$$

35a 標準 $\displaystyle\lim_{x\to\infty}(\sqrt{x^2+3}-x)$ を求めよ。

35b 標準 $\displaystyle\lim_{x\to\infty}(\sqrt{x^2-2x}-x)$ を求めよ。

検印

KEY 28
指数関数・対数関数
の極限

① 指数関数 $y=a^x$ の極限

$a>1$ のとき　　$\lim\limits_{x \to \infty} a^x = \infty$,　$\lim\limits_{x \to -\infty} a^x = 0$

$0<a<1$ のとき　$\lim\limits_{x \to \infty} a^x = 0$,　$\lim\limits_{x \to -\infty} a^x = \infty$

② 対数関数 $y=\log_a x$ の極限

$a>1$ のとき　　$\lim\limits_{x \to \infty} \log_a x = \infty$,　$\lim\limits_{x \to +0} \log_a x = -\infty$

$0<a<1$ のとき　$\lim\limits_{x \to \infty} \log_a x = -\infty$,　$\lim\limits_{x \to +0} \log_a x = \infty$

例 34 次の極限を求めよ。

(1) $\lim\limits_{x \to \infty} \log_{\frac{1}{3}} x$

(2) $\lim\limits_{x \to \infty} (3^x - 2^x)$

解答

(1) $\lim\limits_{x \to \infty} \log_{\frac{1}{3}} x = -\infty$

(2) $\lim\limits_{x \to \infty} (3^x - 2^x) = \lim\limits_{x \to \infty} 3^x \left\{ 1 - \left(\dfrac{2}{3} \right)^x \right\} = \infty$

◀ $\lim\limits_{x \to \infty} 3^x = \infty$,　$\lim\limits_{x \to \infty} \left(\dfrac{2}{3} \right)^x = 0$

36a 基本 次の極限を求めよ。

(1) $\lim\limits_{x \to \infty} 2^x$

(2) $\lim\limits_{x \to \infty} \left(\dfrac{1}{4} \right)^x$

(3) $\lim\limits_{x \to \infty} \log_5 \dfrac{1}{x}$

(4) $\lim\limits_{x \to \infty} (5^x - 2^x)$

36b 基本 次の極限を求めよ。

(1) $\lim\limits_{x \to -\infty} 3^x$

(2) $\lim\limits_{x \to -0} 2^{\frac{1}{x}}$

(3) $\lim\limits_{x \to 1+0} \log_{\frac{1}{2}} (x-1)$

(4) $\lim\limits_{x \to \infty} \dfrac{2^{2x}}{3^x}$

考えてみよう 5 $\lim\limits_{x \to \infty} \dfrac{2^x}{1-2^x}$ の極限を求めてみよう。

検
印

KEY 29
三角関数の極限

① $\lim\limits_{x\to\infty}\sin x,\ \lim\limits_{x\to\infty}\cos x,\ \lim\limits_{x\to\infty}\tan x$ は存在しない。($x\to-\infty$ のときも同様)

② $\lim\limits_{x\to\frac{\pi}{2}+0}\tan x=-\infty,\quad \lim\limits_{x\to\frac{\pi}{2}-0}\tan x=\infty$

（定義域に含まれない x の値について同様のことが成り立つ。）

例 35 次の極限を求めよ。

(1) $\lim\limits_{x\to\pi}\sin x$

(2) $\lim\limits_{x\to\frac{\pi}{2}-0}\dfrac{1}{\cos x}$

解答 (1) $\lim\limits_{x\to\pi}\sin x=\mathbf{0}$

(2) $\lim\limits_{x\to\frac{\pi}{2}-0}\dfrac{1}{\cos x}=\boldsymbol{\infty}$

37a 基本 次の極限を求めよ。

(1) $\lim\limits_{x\to-\frac{\pi}{2}}\sin x$

(2) $\lim\limits_{x\to-\infty}\cos\dfrac{1}{x}$

37b 基本 次の極限を求めよ。

(1) $\lim\limits_{x\to\frac{3}{2}\pi+0}\tan x$

(2) $\lim\limits_{x\to-0}\dfrac{1}{\sin x}$

KEY 30
はさみうちの原理

$\lim\limits_{x\to a}f(x)=\lim\limits_{x\to a}g(x)=\alpha$ のとき，

a に近い x でつねに $f(x)\leqq h(x)\leqq g(x)$ ならば $\quad\lim\limits_{x\to a}h(x)=\alpha$

例 36 $\lim\limits_{x\to\infty}\dfrac{\sin x}{x^2}$ を求めよ。

解答 $x\to\infty$ より，$x>0$ とみてよい。

$-1\leqq\sin x\leqq1$ より $\qquad -\dfrac{1}{x^2}\leqq\dfrac{\sin x}{x^2}\leqq\dfrac{1}{x^2}$ ◀ $x^2>0$

$\lim\limits_{x\to\infty}\left(-\dfrac{1}{x^2}\right)=0,\ \lim\limits_{x\to\infty}\dfrac{1}{x^2}=0$ であるから $\quad\lim\limits_{x\to\infty}\dfrac{\sin x}{x^2}=\mathbf{0}$

38a 標準 $\lim\limits_{x\to\infty}2^{-x}\cos x$ を求めよ。

38b 標準 $\lim\limits_{x\to+0}x\cos\dfrac{1}{x}$ を求めよ。

$\displaystyle\lim_{x\to0}\frac{\sin x}{x}=1$ が使えるように式を変形する。

$\dfrac{\sin x}{x}$ の極限値

例 37 $\displaystyle\lim_{x\to0}\frac{\sin 2x}{4x}$ を求めよ。

解答 $\displaystyle\lim_{x\to0}\frac{\sin 2x}{4x}=\lim_{x\to0}\frac{\sin 2x}{2x}\cdot\frac{1}{2}=1\cdot\frac{1}{2}=\boldsymbol{\frac{1}{2}}$

39a 基本 次の極限値を求めよ。

(1) $\displaystyle\lim_{x\to0}\frac{\sin 4x}{x}$

39b 基本 次の極限値を求めよ。

(1) $\displaystyle\lim_{x\to0}\frac{\sin 5x}{3x}$

(2) $\displaystyle\lim_{x\to0}\frac{\sin 4x}{\sin 3x}$

(2) $\displaystyle\lim_{x\to0}\frac{\sin 3x}{\sin 5x}$

例 38 次の極限値を求めよ。

(1) $\displaystyle\lim_{x\to0}\frac{1-\cos 2x}{x}$

(2) $\displaystyle\lim_{x\to0}\frac{\tan 2x}{6x}$

解答 (1) $\displaystyle\lim_{x\to0}\frac{1-\cos 2x}{x}=\lim_{x\to0}\frac{(1-\cos 2x)(1+\cos 2x)}{x(1+\cos 2x)}=\lim_{x\to0}\frac{1-\cos^2 2x}{x(1+\cos 2x)}=\lim_{x\to0}\frac{\sin^2 2x}{x(1+\cos 2x)}$

$\displaystyle=\lim_{x\to0}\frac{\sin 2x}{2x}\cdot2\cdot\frac{\sin 2x}{1+\cos 2x}=1\cdot2\cdot\frac{0}{1+1}=\boldsymbol{0}$

(2) $\displaystyle\lim_{x\to0}\frac{\tan 2x}{6x}=\lim_{x\to0}\frac{\sin 2x}{6x}\cdot\frac{1}{\cos 2x}=\lim_{x\to0}\frac{\sin 2x}{2x}\cdot\frac{1}{3}\cdot\frac{1}{\cos 2x}=1\cdot\frac{1}{3}\cdot\frac{1}{1}=\boldsymbol{\frac{1}{3}}$

40a 標準 次の極限値を求めよ。

(1) $\displaystyle \lim_{x \to 0} \frac{1 - \cos x}{x \sin x}$

(2) $\displaystyle \lim_{x \to 0} \frac{\tan 2x}{3x}$

40b 標準 次の極限値を求めよ。

(1) $\displaystyle \lim_{x \to 0} \frac{1 - \cos 3x}{x^2}$

(2) $\displaystyle \lim_{x \to 0} \frac{\sin 3x}{\tan 2x}$

考えてみよう 6 $x - \pi = t$ とおくことによって，$\displaystyle \lim_{x \to \pi} \frac{\sin(x + \pi)}{x - \pi}$ を求めてみよう。

3 関数の連続性

次の条件が成り立つとき，関数 $f(x)$ は $x=a$ で連続である。
$$\lim_{x \to a} f(x) \text{ が存在し，} \quad \lim_{x \to a} f(x) = f(a)$$

例 39 関数 $f(x) = \sqrt{x-1}$ が $x=1$ で連続かどうかを調べよ。

解答 無理関数 $f(x) = \sqrt{x-1}$ は，$x \geqq 1$ で定義され
$$\lim_{x \to 1+0} f(x) = \lim_{x \to 1+0} \sqrt{x-1} = 0, \quad f(1) = 0$$
であるから $\lim_{x \to 1+0} f(x) = f(0)$

よって，$f(x)$ は $x=1$ で連続である。

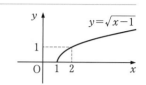

41a 基本 次の関数が $x=0$ で連続かどうか
を調べよ。

(1) $f(x) = \sqrt{x}$

(2) $f(x) = \begin{cases} \dfrac{|x|}{x} & (x \neq 0) \\ 0 & (x = 0) \end{cases}$

41b 基本 次の関数が $x=1$ で連続かどうか
を調べよ。ただし，$[x]$ は x を超えない最大の整
数を表す。

(1) $f(x) = \begin{cases} \dfrac{x^2-1}{x-1} & (x \neq 1) \\ 0 & (x = 1) \end{cases}$

(2) $f(x) = x - [x]$

考えてみよう 　**7**　関数 $f(x)=\begin{cases} \dfrac{\sin x}{x} & (x\neq0) \\ a & (x=0) \end{cases}$ が $x=0$ で連続であるように，定数 a の値を定めてみよう。

KEY 33
中間値の定理

方程式 $f(x)=0$ が $a<x<b$ の範囲に少なくとも 1 つの実数解をもつことを示すには，次のことを示せばよい。

「関数 $f(x)$ が区間 $[a,\ b]$ で連続であり，$f(a)$ と $f(b)$ が異符号である。」

例 40　方程式 $x^3+x^2+1=0$ は，$-2<x<1$ の範囲に少なくとも 1 つの実数解をもつことを示せ。

証明　$f(x)=x^3+x^2+1$ とおくと，$f(x)$ は区間 $[-2,\ 1]$ で連続であり

$$f(-2)=-3<0,\ \ f(1)=3>0$$

よって，方程式 $x^3+x^2+1=0$ は，$-2<x<1$ の範囲に少なくとも 1 つの実数解をもつ。

42a 基本 次の方程式は，（　　）内の範囲に少なくとも 1 つの実数解をもつことを示せ。

(1)　$x^3-3x+1=0$　$(0<x<1)$

42b 基本 次の方程式は，（　　）内の範囲に少なくとも 1 つの実数解をもつことを示せ。

(1)　$x-2\sin x-3=0$　$(0<x<\pi)$

(2)　$3^x-5x-2=0$　$(2<x<3)$

(2)　$\log_{10}x-\dfrac{x}{20}=0$　$(1<x<10)$

例題 7　$x \to -\infty$ のときの無理関数の極限値

$\lim\limits_{x \to -\infty} (\sqrt{x^2 + 2x} + x)$ を求めよ。

【ガイド】 $x < 0$ のとき $\sqrt{x^2} = -x$ となるから，$x = -t$ とおくと計算しやすくなる。

解答　$x = -t$ とおくと，$x \to -\infty$ のとき $t \to \infty$ であるから

$$\lim_{x \to -\infty}(\sqrt{x^2 + 2x} + x) = \lim_{t \to \infty}(\sqrt{t^2 - 2t} - t) = \lim_{t \to \infty}\frac{(\sqrt{t^2 - 2t} - t)(\sqrt{t^2 - 2t} + t)}{\sqrt{t^2 - 2t} + t}$$

$$= \lim_{t \to \infty}\frac{-2t}{\sqrt{t^2 - 2t} + t} = \lim_{t \to \infty}\frac{-2}{\sqrt{1 - \dfrac{2}{t}} + 1} = -1$$

練習 7　次の極限値を求めよ。

(1)　$\lim\limits_{x \to -\infty} (\sqrt{x^2 - x} + x)$

(2)　$\lim\limits_{x \to -\infty} (\sqrt{x^2 + x} - \sqrt{x^2 - x})$

例題 8　極限で表された関数の連続性

関数 $f(x)=\lim\limits_{n\to\infty}\dfrac{x}{1+x^{2n}}$ のグラフをかき，関数の連続性を調べよ。

【ガイド】 $x^{2n}=(x^2)^n$ であるから，$x^2<1$, $x^2=1$, $x^2>1$ の 3 通りの場合に分けて $f(x)$ を求める。

解答　(i)　$x^2<1$, すなわち $-1<x<1$ のとき　$\lim\limits_{n\to\infty}x^{2n}=0$

　　　　　よって　$f(x)=\lim\limits_{n\to\infty}\dfrac{x}{1+x^{2n}}=x$

　　(ii)　$x^2=1$, すなわち $x=\pm1$ のとき　$f(x)=\pm\dfrac{1}{2}$

　　(iii)　$x^2>1$, すなわち $x<-1$, $1<x$ のとき　$\lim\limits_{n\to\infty}x^{2n}=\infty$

　　　　　よって　$f(x)=\lim\limits_{n\to\infty}\dfrac{x}{1+x^{2n}}=0$

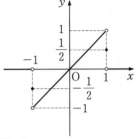

以上から，$y=f(x)$ のグラフは右の図のようになる。

したがって，**$x<-1$，$-1<x<1$，$x>1$ で連続であり，$x=\pm1$ で連続でない。**

練習 8　関数 $f(x)=\lim\limits_{n\to\infty}\dfrac{1-x^{2n}}{1+x^{2n}}$ のグラフをかき，関数の連続性を調べよ。

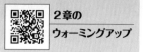
1 導関数の計算

KEY 34
導関数の定義

関数 $y=f(x)$ の導関数 $f'(x)$ は $f'(x)=\lim\limits_{h\to 0}\dfrac{f(x+h)-f(x)}{h}$

例 41 関数 $y=2\sqrt{x}$ を定義にしたがって微分せよ。

解答 $y'=\lim\limits_{h\to 0}\dfrac{2\sqrt{x+h}-2\sqrt{x}}{h}=\lim\limits_{h\to 0}\dfrac{2(x+h-x)}{h(\sqrt{x+h}+\sqrt{x})}=\lim\limits_{h\to 0}\dfrac{2}{\sqrt{x+h}+\sqrt{x}}=\dfrac{1}{\sqrt{x}}$

43a 基本 関数 $y=\dfrac{1}{2x}$ を定義にしたがって微分せよ。

43b 基本 関数 $y=\sqrt{x+1}$ を定義にしたがって微分せよ。

検印

KEY 35
導関数の性質

① $\{kf(x)\}'=kf'(x)$ ただし，k は定数
② $\{f(x)+g(x)\}'=f'(x)+g'(x)$ ③ $\{f(x)-g(x)\}'=f'(x)-g'(x)$

例 42 関数 $y=2x^4-x^3-3x+5$ を微分せよ。

解答 $y'=(2x^4-x^3-3x+5)'=(2x^4)'-(x^3)'-(3x)'+(5)'$
$=2(x^4)'-(x^3)'-3(x)'+(5)'=2\cdot4x^3-3x^2-3\cdot1+0=8x^3-3x^2-3$

44a 基本 次の関数を微分せよ。
(1) $y=3x^4+x^2-4$

44b 基本 次の関数を微分せよ。
(1) $y=2x^3-3x^4$

(2) $y=-x^5-4x^4+2x^3-1$

(2) $y=4x^5+3x^3-x^2+2x+7$

検印

KEY 36
④ $\{f(x)g(x)\}'=f'(x)g(x)+f(x)g'(x)$

積の微分法

例 43 関数 $y=(x+1)(x^2-2x-1)$ を微分せよ。

解答
$$y'=\{(x+1)(x^2-2x-1)\}'=(x+1)'(x^2-2x-1)+(x+1)(x^2-2x-1)'$$
$$=1\cdot(x^2-2x-1)+(x+1)(2x-2)=3x^2-2x-3$$

45a 基本 次の関数を微分せよ。

(1) $y=(x^2+1)(2x-3)$

(2) $y=(3x-1)(x^2+2x-1)$

(3) $y=(x^2+2)(3x^2-x+1)$

45b 基本 次の関数を微分せよ。

(1) $y=(x^3-1)(3-2x)$

(2) $y=(x+5)(x^3-x^2-2)$

(3) $y=(2x^2-x-3)(4-x^2)$

考えてみよう 8

(1) 3つの関数 $f(x)$, $g(x)$, $h(x)$ が微分可能であるとき,
$$\{f(x)g(x)h(x)\}'=f'(x)g(x)h(x)+f(x)g'(x)h(x)+f(x)g(x)h'(x)$$
であることを示してみよう。

(2) (1)の結果を利用して,関数 $y=(x+1)(x-2)(2x+3)$ を微分してみよう。

$$\boxed{5}\left\{\frac{1}{g(x)}\right\}'=-\frac{g'(x)}{\{g(x)\}^2} \qquad \boxed{6}\left\{\frac{f(x)}{g(x)}\right\}'=\frac{f'(x)g(x)-f(x)g'(x)}{\{g(x)\}^2}$$

例 44 関数 $y=\dfrac{x+1}{x^2-2}$ を微分せよ。

解答 $y'=\left(\dfrac{x+1}{x^2-2}\right)'=\dfrac{(x+1)'(x^2-2)-(x+1)(x^2-2)'}{(x^2-2)^2}=\dfrac{1\cdot(x^2-2)-(x+1)\cdot2x}{(x^2-2)^2}=\dfrac{-x^2-2x-2}{(x^2-2)^2}$

46a 基本 次の関数を微分せよ。

(1) $y=\dfrac{1}{3x-1}$

(2) $y=\dfrac{x-1}{x+1}$

(3) $y=\dfrac{x-2}{x^2+3}$

46b 基本 次の関数を微分せよ。

(1) $y=\dfrac{3x}{2x+1}$

(2) $y=\dfrac{x^2}{x-1}$

(3) $y=\dfrac{4x}{x^2-1}$

KEY 38　n が整数のとき　$(x^n)'=nx^{n-1}$

$y=x^n$ (n は整数) の導関数

例 45 関数 $y=2x^2+\dfrac{1}{x^3}$ を微分せよ。

解答　$y'=\left(2x^2+\dfrac{1}{x^3}\right)'=(2x^2)'+\left(\dfrac{1}{x^3}\right)'=2(x^2)'+(x^{-3})'=2\cdot2x-3x^{-4}=4x-3x^{-4}=\boldsymbol{4x-\dfrac{3}{x^4}}$

47a 基本 次の関数を微分せよ。

(1)　$y=\dfrac{2}{x^4}$

(2)　$y=-x^2+\dfrac{1}{x}$

(3)　$y=\dfrac{2}{3x^3}-\dfrac{1}{x^5}$

47b 基本 次の関数を微分せよ。

(1)　$y=-\dfrac{1}{3x^2}$

(2)　$y=2x-\dfrac{5}{x^4}+3$

(3)　$y=-\dfrac{1}{x}-\dfrac{3}{2x^3}$

関数 $y=f(u)$, $u=g(x)$ がともに微分可能であるとき $\{f(g(x))\}'=f'(g(x))g'(x)$

合成関数の微分法

例 46 関数 $y=(3x^2-1)^4$ を微分せよ。

解答 $y'=\{(3x^2-1)^4\}'=4(3x^2-1)^3\cdot(3x^2-1)'=4(3x^2-1)^3\cdot6x=24x(3x^2-1)^3$

48a 基本 次の関数を微分せよ。

(1) $y=(2x^2+1)^3$

(2) $y=(x^2-2x+3)^3$

(3) $y=\dfrac{1}{(2x+3)^3}$

48b 基本 次の関数を微分せよ。

(1) $y=(3-x)^5$

(2) $y=(-2x^3+x^2-4)^2$

(3) $y=\dfrac{1}{(2x^3-1)^4}$

KEY 40 | r が有理数のとき $(x^r)'=rx^{r-1}$

$y=x^r$ (r は有理数) の導関数

例 47 次の関数を微分せよ。

(1) $y=\sqrt[5]{x^3}$
(2) $y=\sqrt{2-x^2}$

解答

(1) $y'=(\sqrt[5]{x^3})'=(x^{\frac{3}{5}})'=\dfrac{3}{5}x^{\frac{3}{5}-1}=\dfrac{3}{5}x^{-\frac{2}{5}}=\dfrac{3}{5\sqrt[5]{x^2}}$

(2) $y'=(\sqrt{2-x^2})'=\{(2-x^2)^{\frac{1}{2}}\}'=\dfrac{1}{2}(2-x^2)^{\frac{1}{2}-1}\cdot(2-x^2)'=\dfrac{1}{2}(2-x^2)^{-\frac{1}{2}}\cdot(-2x)=-\dfrac{x}{\sqrt{2-x^2}}$

49a 標準 次の関数を微分せよ。

(1) $y=\sqrt[3]{x}$

(2) $y=\dfrac{1}{\sqrt[5]{x^2}}$

(3) $y=\sqrt{-x^2+4}$

49b 標準 次の関数を微分せよ。

(1) $y=x\sqrt[4]{x}$

(2) $y=\sqrt[4]{5x+1}$

(3) $y=\dfrac{1}{\sqrt{2x^3-1}}$

1 三角関数の導関数

KEY 41

三角関数の導関数

$$(\sin x)' = \cos x, \qquad (\cos x)' = -\sin x, \qquad (\tan x)' = \frac{1}{\cos^2 x}$$

例 48 次の関数を微分せよ。

(1) $y = \sin(2-3x)$ (2) $y = \cos^2 5x$

解答 (1) $y' = \cos(2-3x) \cdot (2-3x)' = -3\cos(2-3x)$

(2) $y' = 2\cos 5x \cdot (\cos 5x)' = 2\cos 5x \cdot (-\sin 5x) \cdot (5x)' = -10\sin 5x \cos 5x$

50a 基本 次の関数を微分せよ。

(1) $y = \cos(4x-3)$

(2) $y = \tan 3x$

(3) $y = \sin^3 4x$

(4) $y = x^2 \sin 2x$

50b 基本 次の関数を微分せよ。

(1) $y = \sin(1-2x)$

(2) $y = \tan(2x+3)$

(3) $y = \dfrac{1}{\cos 2x}$

(4) $y = \sin 3x \cos 2x$

2 対数関数・指数関数の導関数

$$(\log x)' = \frac{1}{x}, \qquad (\log_a x)' = \frac{1}{x \log a}$$

例 49 関数 $y = \log(x^2+5)$ を微分せよ。

解答 $y' = \dfrac{1}{x^2+5} \cdot (x^2+5)' = \dfrac{2x}{x^2+5}$

51a 基本 次の関数を微分せよ。

(1) $y = \log(x-3)$

(2) $y = \log_2 x$

(3) $y = (\log x)^4$

(4) $y = x^2 \log x$

51b 基本 次の関数を微分せよ。

(1) $y = \log(x^2+x)$

(2) $y = \log_3(2x-1)$

(3) $y = \log x^3$

(4) $y = \dfrac{\log x}{x^2}$

KEY 43
絶対値を含む対数関数の導関数

$$(\log|x|)' = \frac{1}{x}, \quad (\log_a|x|)' = \frac{1}{x\log a}, \quad \{\log|f(x)|\}' = \frac{f'(x)}{f(x)}$$

例 50 関数 $y = \log|3x^2 - 1|$ を微分せよ。

解答 $y' = \dfrac{(3x^2-1)'}{3x^2-1} = \dfrac{6x}{3x^2-1}$

52a 基本 次の関数を微分せよ。

(1) $y = \log|x-2|$

(2) $y = \log_2|3x|$

(3) $y = \log|\sin x|$

52b 基本 次の関数を微分せよ。

(1) $y = \log|4-3x|$

(2) $y = \log|2x^2+x|$

(3) $y = \log_3|x^2-1|$

検印

KEY 44
対数微分法

積，商の形の関数は，両辺の絶対値の自然対数をとると，積→和，商→差へ変形でき，計算がしやすくなる。

例 51 関数 $y = x^4\sqrt[3]{3x+5}$ を微分せよ。

解答 両辺の絶対値の自然対数をとると $\log|y| = \log|x^4\sqrt[3]{3x+5}|$

すなわち $\log|y| = 4\log|x| + \dfrac{1}{3}\log|3x+5|$

両辺を x で微分すると $\dfrac{y'}{y} = 4\cdot\dfrac{1}{x} + \dfrac{1}{3}\cdot\dfrac{(3x+5)'}{3x+5} = \dfrac{4}{x} + \dfrac{1}{3x+5} = \dfrac{13x+20}{x(3x+5)}$

よって $y' = \dfrac{13x+20}{x(3x+5)}\cdot y = \dfrac{13x+20}{x(3x+5)}\cdot x^4\sqrt[3]{3x+5} = \dfrac{x^3(13x+20)\sqrt[3]{3x+5}}{3x+5}$

53a 標準 関数 $y=\dfrac{x+1}{(x-1)(x+3)}$ を微分せよ。　**53b** 標準 関数 $y=\dfrac{x^2}{\sqrt[3]{3x+2}}$ を微分せよ。

KEY 45　　$(e^x)'=e^x,$　　$(a^x)'=a^x\log a$

指数関数の導関数

例 **52** 次の関数を微分せよ。

(1)　$y=xe^{3x}$ (2)　$y=7^x$

解答 (1)　$y'=(x)'e^{3x}+x(e^{3x})'=e^{3x}+x\{e^{3x}\cdot(3x)'\}=e^{3x}+3xe^{3x}=(3x+1)e^{3x}$

(2)　$y'=7^x\log 7$

54a 基本 次の関数を微分せよ。

(1)　$y=e^{2x+1}$

(2)　$y=6^x$

(3)　$y=x^2e^{-x}$

54b 基本 次の関数を微分せよ。

(1)　$y=e^{3x^2}$

(2)　$y=3^{1-2x}$

(3)　$y=e^{-x}\sin x$

3 高次導関数

関数 $y=f(x)$ を n 回微分して得られる関数を, 関数 $y=f(x)$ の第 n 次導関数という。

高次導関数

例 53 関数 $y=x\sin x$ の第 3 次導関数を求めよ。

解答
$$y'=(x)'\sin x+x(\sin x)'=\sin x+x\cos x$$
$$y''=\cos x+(x)'\cos x+x(\cos x)'=\cos x+\cos x-x\sin x=2\cos x-x\sin x$$
$$y'''=-2\sin x-\{(x)'\sin x+x(\sin x)'\}=-2\sin x-(\sin x+x\cos x)=\boldsymbol{-3\sin x-x\cos x}$$

55a 基本 次の関数の第 3 次導関数を求めよ。

(1) $y=x^4-x^3-3x^2+6x-5$

(2) $y=xe^x$

55b 基本 次の関数の第 3 次導関数を求めよ。

(1) $y=x\log x$

(2) $y=e^x\sin x$

56a 基本 関数 $y=e^{-x}$ の第 n 次導関数を求めよ。

56b 基本 関数 $y=3^x$ の第 n 次導関数を求めよ。

4 曲線の方程式と導関数

$y=f(x)$ の形に変形せず，そのまま両辺を x で微分する。

$\dfrac{d}{dx}f(y)$ については，合成関数の微分法により $\dfrac{d}{dx}f(y)=\dfrac{d}{dy}f(y)\cdot\dfrac{dy}{dx}$ となることを利用する。

例 54 $x^2+3x+y^2=1$ について，$\dfrac{dy}{dx}$ を x, y を用いて表せ。

解答 $x^2+3x+y^2=1$ の両辺を x で微分すると $2x+3+\dfrac{d}{dx}y^2=0$ ……①

$\dfrac{d}{dx}y^2=\dfrac{d}{dy}y^2\cdot\dfrac{dy}{dx}=2y\cdot\dfrac{dy}{dx}$ であるから，①は $2x+3+2y\cdot\dfrac{dy}{dx}=0$

よって，$y\neq0$ のとき $\dfrac{dy}{dx}=-\dfrac{2x+3}{2y}$

57a 標準 次の曲線の方程式について，$\dfrac{dy}{dx}$ を x, y を用いて表せ。

(1) $y^2=6x$

57b 標準 次の曲線の方程式について，$\dfrac{dy}{dx}$ を x, y を用いて表せ。

(1) $9x^2+y^2=9$

(2) $x^2+y^2-2x-3=0$

(2) $xy=-1$

KEY 48

媒介変数で表された関数の導関数

$x=f(t)$, $y=g(t)$ のとき $\dfrac{dy}{dx}=\dfrac{\dfrac{dy}{dt}}{\dfrac{dx}{dt}}=\dfrac{g'(t)}{f'(t)}$

例 55 $x=t-1$, $y=3-t^2$ のとき, $\dfrac{dy}{dx}$ を t を用いて表せ。

解答 $\dfrac{dx}{dt}=1$, $\dfrac{dy}{dt}=-2t$ であるから $\dfrac{dy}{dx}=\dfrac{-2t}{1}=-2t$

58a 基本 x, y が媒介変数 t を用いて次の式で表されるとき, $\dfrac{dy}{dx}$ を t を用いて表せ。

(1) $x=2t+1$, $y=t^2-3$

(2) $x=\cos t$, $y=2\sin t$

58b 基本 x, y が媒介変数 t を用いて次の式で表されるとき, $\dfrac{dy}{dx}$ を t を用いて表せ。

(1) $x=t^2+2$, $y=3-4t^3$

(2) $x=\sqrt{t}$, $y=t+\dfrac{1}{t}$

考えてみよう 9 例55の関数について, 次の①, ②の方法で導関数 $\dfrac{dy}{dx}$ を x の式で表し, それぞれの結果が一致することを確かめてみよう。

① 例55で得られた結果を利用して, x の式で表す。

② まず媒介変数 t を消去して, 関数を $y=f(x)$ の形にしてから, x で微分する。

例題 9 自然対数の底 e と極限値

次の極限値を求めよ。

(1) $\displaystyle\lim_{x \to 0}(1-2x)^{\frac{1}{x}}$

(2) $\displaystyle\lim_{x \to \infty}\left(1+\frac{1}{3x}\right)^{x}$

【ガイド】 $e=\displaystyle\lim_{t \to 0}(1+t)^{\frac{1}{t}}$ が利用できるように文字をおきかえ，式を変形する。

解答 (1) $-2x=t$ とおくと $\dfrac{1}{x}=-\dfrac{2}{t}$ で，$x \to 0$ のとき $t \to 0$ であるから

$$\lim_{x \to 0}(1-2x)^{\frac{1}{x}}=\lim_{t \to 0}(1+t)^{-\frac{2}{t}}=\lim_{t \to 0}\{(1+t)^{\frac{1}{t}}\}^{-2}=e^{-2}=\frac{1}{e^{2}}$$

(2) $\dfrac{1}{3x}=t$ とおくと $x=\dfrac{1}{3t}$ で，$x \to \infty$ のとき $t \to 0$ であるから

$$\lim_{x \to \infty}\left(1+\frac{1}{3x}\right)^{x}=\lim_{t \to 0}(1+t)^{\frac{1}{3t}}=\lim_{t \to 0}\{(1+t)^{\frac{1}{t}}\}^{\frac{1}{3}}=e^{\frac{1}{3}}=\sqrt[3]{e}$$

練習 9

次の極限値を求めよ。

(1) $\displaystyle\lim_{x \to 0}(1+4x)^{\frac{1}{x}}$

(2) $\displaystyle\lim_{x \to \infty}\left(1-\frac{2}{x}\right)^{x}$

1 接線・法線

曲線 $y=f(x)$ 上の点 $(a,\ f(a))$ における接線の方程式は

$$y-f(a)=f'(a)(x-a)$$

例 56 曲線 $y=\sin x$ 上の点 $\left(\dfrac{\pi}{6},\ \dfrac{1}{2}\right)$ における接線の方程式を求めよ。

解答　$f(x)=\sin x$ とおくと，$f'(x)=\cos x$ であるから，接線の傾きは　$f'\left(\dfrac{\pi}{6}\right)=\dfrac{\sqrt{3}}{2}$

よって，求める接線の方程式は　$y-\dfrac{1}{2}=\dfrac{\sqrt{3}}{2}\left(x-\dfrac{\pi}{6}\right)$

すなわち　$y=\dfrac{\sqrt{3}}{2}x-\dfrac{\sqrt{3}}{12}\pi+\dfrac{1}{2}$

59a 基本 次の曲線上の点 A における接線の方程式を求めよ。

(1)　$y=\dfrac{4}{x}$　A(2, 2)

59b 基本 次の曲線上の点 A における接線の方程式を求めよ。

(1)　$y=\log x$　A(e, 1)

(2)　$y=\cos x$　A$\left(\dfrac{\pi}{3},\ \dfrac{1}{2}\right)$

(2)　$y=\sqrt{2x^2+1}$　A(0, 1)

KEY 50
接点が与えられていない場合の接線

① 接点の x 座標を a とおくと，接線の方程式は，$y-f(a)=f'(a)(x-a)$ と表せる。
② ①の式と与えられた条件から a の値を求める。

例 57 曲線 $y=e^{3x}$ について，次の接線の方程式を求めよ。

(1) 傾きが 3 の接線 (2) 原点を通る接線

解答 (1) $y'=3e^{3x}$ であるから，曲線上の点 $(a,\ e^{3a})$ における接線の方程式は

$$y-e^{3a}=3e^{3a}(x-a) \quad \cdots\cdots ①$$

直線①の傾きが 3 であるから $3e^{3a}=3$ よって $a=0$

①より，求める接線の方程式は $\boldsymbol{y=3x+1}$

(2) 直線①が原点 $(0,\ 0)$ を通るから $0-e^{3a}=3e^{3a}(0-a)$ よって $a=\dfrac{1}{3}$

①より，求める接線の方程式は $y-e=3e\left(x-\dfrac{1}{3}\right)$ すなわち $\boldsymbol{y=3ex}$

60a 標準 曲線 $y=\dfrac{1}{x^2}$ について，次の接線の方程式を求めよ。

(1) 傾きが 2 の接線

60b 標準 曲線 $y=x\log x$ について，次の接線の方程式を求めよ。

(1) 傾きが 3 の接線

(2) 点 $(1,\ 0)$ を通る接線

(2) 点 $(0,\ -1)$ を通る接線

曲線の式の両辺を x で微分し，$\dfrac{dy}{dx}$ から接線の傾きを求める。

例 58 $\dfrac{x^2}{4}+\dfrac{y^2}{2}=1$ 上の点 $(\sqrt{2},\ 1)$ における接線の方程式を求めよ。

解答 $\dfrac{x^2}{4}+\dfrac{y^2}{2}=1$ の両辺を x で微分すると $\dfrac{2x}{4}+\dfrac{2y}{2}\cdot\dfrac{dy}{dx}=0$

であるから，$y\neq 0$ のとき $\dfrac{dy}{dx}=-\dfrac{x}{2y}$

よって，点 $(\sqrt{2},\ 1)$ における接線の傾きは $-\dfrac{\sqrt{2}}{2\cdot 1}=-\dfrac{\sqrt{2}}{2}$

したがって，求める接線の方程式は $y-1=-\dfrac{\sqrt{2}}{2}(x-\sqrt{2})$

すなわち $y=-\dfrac{\sqrt{2}}{2}x+2$

61a 標準 次の曲線上の点 A における接線の方程式を求めよ。

(1) $x^2+y^2=25$ $\quad$ A$(-4,\ 3)$

61b 標準 次の曲線上の点 A における接線の方程式を求めよ。

(1) $x^2-y^2=1$ $\quad$ A$(2,\ -\sqrt{3})$

(2) $\dfrac{x^2}{4}+\dfrac{y^2}{9}=1$ $\quad$ A$\left(\dfrac{2}{3},\ 2\sqrt{2}\right)$

(2) $y^2=8x$ $\quad$ A$(2,\ 4)$

KEY 52
法線の方程式

曲線 $y=f(x)$ 上の点 $(a,\ f(a))$ における法線の方程式は

$$y-f(a)=-\frac{1}{f'(a)}(x-a) \qquad \text{ただし} \quad f'(a) \neq 0$$

例 59 曲線 $y=2x^3+1$ 上の点 $(1,\ 3)$ における法線の方程式を求めよ。

解答 $f(x)=2x^3+1$ とおくと，$f'(x)=6x^2$ であるから，法線の傾きは $-\dfrac{1}{f'(1)}=-\dfrac{1}{6}$

よって，求める法線の方程式は $y-3=-\dfrac{1}{6}(x-1)$ すなわち $y=-\dfrac{1}{6}x+\dfrac{19}{6}$

62a 基本 次の曲線上の点 A における法線の方程式を求めよ。

(1) $y=x^3-4x$ A$(-1,\ 3)$

(2) $y=\sqrt{2x}$ A$(2,\ 2)$

62b 基本 次の曲線上の点 A における法線の方程式を求めよ。

(1) $y=\cos x$ A$\left(\dfrac{\pi}{3},\ \dfrac{1}{2}\right)$

(2) $y=x\log x-x$ A$(e,\ 0)$

2 平均値の定理

KEY 53
平均値の定理

関数 $f(x)$ が区間 $[a, b]$ で連続で，区間 (a, b) で微分可能ならば
$$\frac{f(b)-f(a)}{b-a}=f'(c), \quad a<c<b \qquad を満たす c が存在する。$$

例 60 平均値の定理を利用して，次の不等式を証明せよ。

$$\frac{1}{e^2}<a<b<1 のとき \quad a-b<b\log b-a\log a<b-a$$

証明 関数 $f(x)=x\log x$ は，区間 $[a, b]$ で連続で，区間 (a, b) で微分可能であり

$$f'(x)=\log x+x\cdot\frac{1}{x}=\log x+1$$

区間 $[a, b]$ において，平均値の定理により

$$\frac{b\log b-a\log a}{b-a}=\log c+1 \qquad \cdots\cdots①$$

$$a<c<b \qquad\qquad\qquad\cdots\cdots②$$

を満たす c が存在する。

ここで，$\dfrac{1}{e^2}<a<b<1$ であるから，②より $\dfrac{1}{e^2}<c<1$

$e>1$ であるから $\log\dfrac{1}{e^2}<\log c<\log 1$ すなわち $-2<\log c<0$

よって $-1<\log c+1<1$ ①より $-1<\dfrac{b\log b-a\log a}{b-a}<1$

$a<b$ より，$b-a>0$ であるから，$a-b<b\log b-a\log a<b-a$

63a 標準 平均値の定理を利用して，次の不等式を証明せよ。

$0<a<b$ のとき $\dfrac{1}{b}<\dfrac{\log b-\log a}{b-a}<\dfrac{1}{a}$

63b 標準 平均値の定理を利用して，次の不等式を証明せよ。

$0<\alpha<\beta<\dfrac{\pi}{2}$ のとき $\sin\beta-\sin\alpha<\beta-\alpha$

検
印

3 関数の増減と極大・極小

KEY 54
関数の増減

区間 (a, b) において，

1. つねに $f'(x)>0$ ならば，区間 $[a, b]$ で $f(x)$ は増加する。
2. つねに $f'(x)<0$ ならば，区間 $[a, b]$ で $f(x)$ は減少する。
3. つねに $f'(x)=0$ ならば，区間 $[a, b]$ で $f(x)$ は定数である。

例 61 関数 $f(x)=\dfrac{x^2+4}{x}$ の増減を調べよ。

解答 関数 $f(x)$ の定義域は $x\neq 0$ である。

$$f'(x)=\frac{2x^2-(x^2+4)}{x^2}=\frac{x^2-4}{x^2}=\frac{(x+2)(x-2)}{x^2}$$

$f'(x)=0$ とすると $x=-2, 2$

よって，増減表は右のようになる。

したがって，$f(x)$ は $x\leq-2, 2\leq x$ で増加し，

$-2\leq x<0, 0<x\leq 2$ で減少する。

x	$\cdots$	-2	$\cdots$	0	$\cdots$	2	$\cdots$
$f'(x)$	$+$	0	$-$		$-$	0	$+$
$f(x)$	$\nearrow$	-4	$\searrow$		$\searrow$	4	$\nearrow$

64a 標準 次の関数の増減を調べよ。

(1) $f(x)=x^2 e^x$

(2) $f(x)=x\sqrt{x-3}$

64b 標準 次の関数の増減を調べよ。

(1) $f(x)=\dfrac{1}{x^2+2x+3}$

(2) $f(x)=x-2\sin x \quad (0\leq x\leq 2\pi)$

微分可能な関数 $f(x)$ において，$f'(a)=0$ であるとき，$f'(x)$ の符号が $x=a$ の前後で正から負に変わるとき，$f(x)$ は $x=a$ で極大値をとる。
負から正に変わるとき，$f(x)$ は $x=a$ で極小値をとる。

例 62 関数 $f(x)=\dfrac{x^2}{x+1}$ の極値を求めよ。

解答 関数 $f(x)$ の定義域は $x=-1$ を除く実数全体である。

$$f'(x)=\frac{2x(x+1)-x^2}{(x+1)^2}=\frac{x(x+2)}{(x+1)^2}$$

$f'(x)=0$ とすると $x=0,\ -2$

よって，増減表は右のようになる。

x	$\cdots$	-2	$\cdots$	-1	$\cdots$	0	$\cdots$
$f'(x)$	$+$	0	$-$		$-$	0	$+$
$f(x)$	↗	極大 -4	↘		↘	極小 0	↗

したがって，$x=-2$ で極大値 -4，$x=0$ で極小値 0 をとる。

65a 標準 次の関数の極値を求めよ。

(1) $f(x)=-x^4+2x^2-3$

(2) $f(x)=\dfrac{x+1}{x^2+3}$

65b 標準 次の関数の極値を求めよ。

(1) $f(x)=3x^4-4x^3-2$

(2) $f(x)=\dfrac{\log x}{x}$

4 曲線の凹凸と関数のグラフ

KEY 56
曲線の凹凸と変曲点

(1) 曲線の凹凸
　① $f''(x)>0$ である区間では，曲線 $y=f(x)$ は下に凸である。
　② $f''(x)<0$ である区間では，曲線 $y=f(x)$ は上に凸である。
(2) 変曲点
　$f''(a)=0$ のとき，$f''(x)$ の符号が $x=a$ の前後で変わるならば，点 $(a,\ f(a))$ は
　曲線 $y=f(x)$ の変曲点である。

例 63 関数 $y=x^4+4x^3-2x+1$ のグラフの凹凸を調べ，変曲点があれば求めよ。

解答　$y'=4x^3+12x^2-2$

$y''=12x^2+24x=12x(x+2)$

$y''=0$ とすると　$x=0,\ -2$

y'' の符号を調べると，グラフの凹凸は右の
ようになる。

x	$\cdots$	-2	$\cdots$	0	$\cdots$
y''	$+$	0	$-$	0	$+$
y	下に凸	-11	上に凸	1	下に凸

したがって，変曲点は $(-2,\ -11)$，$(0,\ 1)$ である。

66a 標準 次の関数のグラフの凹凸を調べ，変
曲点があれば求めよ。

(1) $y=-x^4+12x^2-8$

(2) $y=(3-x)e^{2x}$

66b 標準 次の関数のグラフの凹凸を調べ，変
曲点があれば求めよ。

(1) $y=\log(2x+1)$

(2) $y=x-\sin x$ $(0\leqq x\leqq 2\pi)$

検
印

KEY 57
関数のグラフ

関数のグラフをかくには，次のことを調べるとよい。
① 関数の定義域　　　　　② 関数の増減や極値
③ 曲線の凹凸や変曲点　　④ 漸近線
⑤ 座標軸との共有点や容易にわかるグラフ上の点
⑥ グラフの対称性，周期性

例 64 関数 $y=3x^4+4x^3-6x^2-12x+7$ のグラフをかけ。

解答 $y'=12x^3+12x^2-12x-12=12(x+1)^2(x-1)$, $y''=36x^2+24x-12=12(x+1)(3x-1)$

$y'=0$ とすると $x=-1$, 1　　　$y''=0$ とすると $x=-1$, $\dfrac{1}{3}$

y の増減やグラフの凹凸は，次の表のようになる。

x	$\cdots$	-1	$\cdots$	$\dfrac{1}{3}$	$\cdots$	1	$\cdots$
y'	$-$	0	$-$	$-$	$-$	0	$+$
y''	$+$	0	$-$	0	$+$	$+$	$+$
y	$\searrow$	12	$\searrow$	$\dfrac{68}{27}$	$\searrow$	極小 -4	$\nearrow$

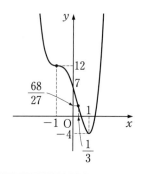

よって，変曲点は $(-1,\ 12)$, $\left(\dfrac{1}{3},\ \dfrac{68}{27}\right)$ である。

グラフは，右の図のようになる。

67a 標準 関数 $y=x^4-8x^2$ のグラフをかけ。

67b 標準 関数 $y=-x^4+6x^2+8x-7$ のグラフをかけ。

$y=f(x)$ のグラフについて，次のいずれかが成り立つとき，x軸は漸近線である。
$$\lim_{x\to\infty}f(x)=0, \qquad \lim_{x\to-\infty}f(x)=0$$

例 65 関数 $y=\dfrac{1}{x^2+1}$ のグラフをかけ。

解答 $y'=-\dfrac{2x}{(x^2+1)^2}$，$y''=-\dfrac{2(x^2+1)^2-2x\cdot2(x^2+1)\cdot2x}{(x^2+1)^4}=\dfrac{2(3x^2-1)}{(x^2+1)^3}$

$y'=0$ とすると $x=0$

$y''=0$ とすると $x=\pm\dfrac{1}{\sqrt{3}}$

y の増減やグラフの凹凸は，右の表のようになる。

x	$\cdots$	$-\dfrac{1}{\sqrt{3}}$	$\cdots$	0	$\cdots$	$\dfrac{1}{\sqrt{3}}$	$\cdots$
y'	$+$	$+$	$+$	0	$-$	$-$	$-$
y''	$+$	0	$-$	$-$	$-$	0	$+$
y	↗	$\dfrac{3}{4}$	⤴	極大 1	↘	$\dfrac{3}{4}$	↘

よって，変曲点は

$\left(-\dfrac{1}{\sqrt{3}},\ \dfrac{3}{4}\right),\ \left(\dfrac{1}{\sqrt{3}},\ \dfrac{3}{4}\right)$ である。

また，$\lim_{x\to\infty}y=0$，$\lim_{x\to-\infty}y=0$ であるから，

x 軸はこの曲線の漸近線である。

以上から，グラフは右の図のようになる。

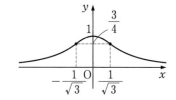

68a 標準 関数 $y=e^{-\frac{x^2}{2}}$ のグラフをかけ。

68b 標準 関数 $y=\dfrac{x}{x^2+1}$ のグラフをかけ。

検印

KEY 59
漸近線の求め方

次のいずれかが成り立つとき，直線 $x=a$ は漸近線である。

$$\lim_{x\to a+0}f(x)=\infty,\ \lim_{x\to a+0}f(x)=-\infty,\ \lim_{x\to a-0}f(x)=\infty,\ \lim_{x\to a-0}f(x)=-\infty$$

次のいずれかが成り立つとき，直線 $y=ax+b$ は漸近線である。

$$\lim_{x\to\infty}\{f(x)-(ax+b)\}=0,\ \lim_{x\to-\infty}\{f(x)-(ax+b)\}=0$$

例 66 関数 $y=x+2+\dfrac{1}{x-2}$ のグラフをかけ。

解答 定義域は $x\neq2$ である。

$$y'=1-\frac{1}{(x-2)^2}=\frac{(x-1)(x-3)}{(x-2)^2}$$

$$y''=\frac{2}{(x-2)^3}$$

よって，y の増減やグラフの凹凸は，右の表のようになる。

x	$\cdots$	1	$\cdots$	2	$\cdots$	3	$\cdots$
y'	$+$	0	$-$	/	$-$	0	$+$
y''	$-$	$-$	$-$	/	$+$	$+$	$+$
y	↗	極大 2	↘	/	↘	極小 6	↗

また，$\displaystyle\lim_{x\to2-0}y=-\infty,\ \lim_{x\to2+0}y=\infty$ であるから，直線 $x=2$ はこの曲線の漸近線である。さらに，

$$\lim_{x\to\infty}\{y-(x+2)\}=\lim_{x\to\infty}\frac{1}{x-2}=0,$$

$$\lim_{x\to-\infty}\{y-(x+2)\}=\lim_{x\to-\infty}\frac{1}{x-2}=0$$

であるから，直線 $y=x+2$ もこの曲線の漸近線である。

以上から，グラフは右の図のようになる。

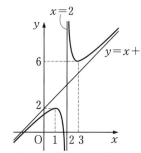

69a 標準 関数 $y=x+\dfrac{4}{x}$ のグラフをかけ。

69b 標準 関数 $y = x + 3 + \dfrac{1}{x-2}$ のグラフをかけ。

例 67 関数 $y = \dfrac{2x^2 - 1}{x - 1}$ のグラフの漸近線を求めよ。

解答 $\displaystyle \lim_{x \to 1+0} y = \infty$, $\displaystyle \lim_{x \to 1-0} y = -\infty$ であるから，直線 $x=1$ は漸近線である。

また，$y = \dfrac{2x^2 - 1}{x - 1} = 2x + 2 + \dfrac{1}{x - 1}$ より

$$\lim_{x \to \infty}\{y - (2x + 2)\} = \lim_{x \to \infty} \frac{1}{x - 1} = 0, \quad \lim_{x \to -\infty}\{y - (2x + 2)\} = \lim_{x \to -\infty} \frac{1}{x - 1} = 0$$

であるから，直線 $y = 2x + 2$ も漸近線である。

答 直線 $x = 1$，直線 $y = 2x + 2$

70a 基本 関数 $y = \dfrac{x^2 - 2x - 1}{x - 3}$ のグラフの漸近線を求めよ。

70b 基本 関数 $y = \dfrac{x^3}{x^2 - 1}$ のグラフの漸近線を求めよ。

5 第2次導関数と極値

① $f'(a)=0$ かつ $f''(a)>0$ ならば, $f(a)$ は極小値である。
② $f'(a)=0$ かつ $f''(a)<0$ ならば, $f(a)$ は極大値である。

例 68 第2次導関数を利用して, 関数 $f(x)=(x^2-3)e^x$ の極値を求めよ。

解答 $f'(x)=2xe^x+(x^2-3)e^x=(x^2+2x-3)e^x=(x+3)(x-1)e^x$

$f''(x)=(2x+2)e^x+(x^2+2x-3)e^x=(x^2+4x-1)e^x$

$f'(x)=0$ とすると $x=-3, 1$

$f''(-3)=-4e^{-3}<0,\ f''(1)=4e>0$ であるから,

$$x=-3\ \text{で極大値}\ f(-3)=6e^{-3}=\frac{6}{e^3}$$

$$x=1\ \text{で極小値}\ f(1)=-2e$$

71a 標準 第2次導関数を利用して, 次の関数の極値を求めよ。

(1) $f(x)=-2x^3+6x^2-1$

71b 標準 第2次導関数を利用して, 次の関数の極値を求めよ。

(1) $f(x)=x^2e^{-x}$

(2) $f(x)=x+2\sin x\ \ (0\leqq x\leqq 2\pi)$

(2) $f(x)=\dfrac{x^2}{x+1}$

例題 **10** 極値から関数を決定する

関数 $f(x)=\dfrac{x^2+a}{x}$ が $x=1$ で極値をとるとき，定数 a の値を求めよ。また，このとき，関数

$f(x)$ の極値を求めよ。

【ガイド】 $x=1$ で極値をとるから，$f'(1)=0$ として，a の値を求める。

$f'(1)=0$ であっても，$f(x)$ は $x=1$ で極値をとるとは限らないから，求めた a の値を $f(x)$ に代入し，$x=1$ で極値をとることを確かめ，極値を求める。

解答 $f'(x)=\dfrac{2x\cdot x-(x^2+a)\cdot 1}{x^2}=\dfrac{x^2-a}{x^2}$

$f(x)$ が $x=1$ で極値をとるから $f'(1)=0$

すなわち $1-a=0$ これを解いて $a=1$

このとき $f(x)=\dfrac{x^2+1}{x}$

$f'(x)=\dfrac{x^2-1}{x^2}=\dfrac{(x+1)(x-1)}{x^2}$

$f'(x)=0$ とすると $x=-1,\ 1$

増減表は右のようになり，$x=1$ で極値をとるから，条件を満たす。

x	$\cdots$	-1	$\cdots$	0	$\cdots$	1	$\cdots$
$f'(x)$	$+$	0	$-$		$-$	0	$+$
$f(x)$	↗	極大 -2	↘		↘	極小 2	↗

答 $a=1$，$x=-1$ で極大値 -2，$x=1$ で極小値 2

練習 10 関数 $f(x)=(x^2-a)e^x$ が $x=1$ で極値をとるとき，定数 a の値を求めよ。また，このとき，関数 $f(x)$ の極値を求めよ。

1 関数の最大・最小

KEY 61
最大値・最小値

関数の最大値・最小値を求めるには，その関数の増減表を作り，極大値・極小値と両端の値を調べてみればよい。

例 **69** 関数 $y=\dfrac{x}{x^2+2}$ $(0 \leqq x \leqq 3)$ の最大値と最小値を求めよ。

解答 $y'=\dfrac{1\cdot(x^2+2)-x\cdot 2x}{(x^2+2)^2}=\dfrac{2-x^2}{(x^2+2)^2}$

$y'=0$ とすると，$0 \leqq x \leqq 3$ から $x=\sqrt{2}$

$0 \leqq x \leqq 3$ における増減表は右のようになる。

したがって，$x=\sqrt{2}$ で最大値 $\dfrac{\sqrt{2}}{4}$，$x=0$ で最小値 0

をとる。

x	0	$\cdots$	$\sqrt{2}$	$\cdots$	3
y'		$+$	0	$-$	
y	0	$\nearrow$	極大 $\dfrac{\sqrt{2}}{4}$	$\searrow$	$\dfrac{3}{11}$

72a 標準 次の関数の最大値と最小値を求めよ。

$y=(x-3)e^x$ $(0 \leqq x \leqq 3)$

72b 標準 次の関数の最大値と最小値を求めよ。

$y=(1+\sin x)\cos x$ $(0 \leqq x \leqq 2\pi)$

73a 標準 点 A(1, 4) を通る直線が，x 軸，y 軸の正の部分と交わる点をそれぞれ P，Q とする。原点を O として，OP＋OQ の最小値を求めよ。

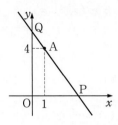

73b 標準 曲線 $y=x+\dfrac{1}{x}$ $(x>1)$ 上を動く点を P とする。P における接線と x 軸との交点を Q，P を通り y 軸に平行な直線と x 軸との交点を R とするとき，△PQR の面積の最小値を求めよ。

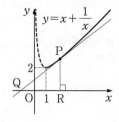

KEY 62
不等式の証明

$x>0$ のとき，不等式 $f(x)>g(x)$ を証明するには $F(x)=f(x)-g(x)$ とおき，次のいずれかを調べればよい。

① $F(x)$ の最小値が正であることを調べる。

② $F(x)$ が $x>a$ で増加するときは $F(x)>F(a)$ であるから，$F(a)\geqq 0$ であることを調べる。

例 70 $x>0$ のとき，不等式 $\sqrt{x}>\log x$ を証明せよ。

証明 $f(x)=\sqrt{x}-\log x$ とおくと $f'(x)=\dfrac{1}{2\sqrt{x}}-\dfrac{1}{x}=\dfrac{\sqrt{x}-2}{2x}$

$f'(x)=0$ とすると $x=4$

$x>0$ における増減表は右のようになる。

よって，$x=4$ で最小値 $2-\log 4$ をとる。

$$f(4)=2-\log 4=\log\dfrac{e^2}{4}>\log 1=0 \quad \blacktriangleleft e\fallingdotseq 2.7$$

であるから，$x>0$ のとき $f(x)>0$

したがって，$x>0$ のとき $\sqrt{x}>\log x$

x	0	$\cdots$	4	$\cdots$
$f'(x)$		$-$	0	$+$
$f(x)$		$\searrow$	極小 $2-\log 4$	$\nearrow$

74a 標準 $0<x<\pi$ のとき，不等式 $\sin x>x\cos x$ を証明せよ。

74b 標準 不等式 $(x-1)e^x+1\geqq 0$ を証明せよ。

KEY 63

方程式の実数解の個数

方程式 $f(x)=a$ の異なる実数解の個数は，$y=f(x)$ のグラフと直線 $y=a$ の共有点の個数を調べればよい。

例 71 方程式 $x^2+\dfrac{16}{x}=a$ の異なる実数解の個数を求めよ。ただし，a は定数とする。

解答 $f(x)=x^2+\dfrac{16}{x}$ とおくと $f'(x)=2x-\dfrac{16}{x^2}=\dfrac{2(x^3-8)}{x^2}$

$f'(x)=0$ とすると $x=2$

よって，増減表は右のようになる。

また，$\displaystyle\lim_{x\to\infty}f(x)=\infty$, $\displaystyle\lim_{x\to-\infty}f(x)=\infty$

$\displaystyle\lim_{x\to+0}f(x)=\infty$, $\displaystyle\lim_{x\to-0}f(x)=-\infty$

であるから，$y=f(x)$ のグラフは右の図のようになる。

このグラフと直線 $y=a$ の共有点の個数が異なる実数解の個数であるから，

　　$a>12$ のとき，3 個

　　$a=12$ のとき，2 個

　　$a<12$ のとき，1 個

x	$\cdots$	0	$\cdots$	2	$\cdots$
$f'(x)$	$-$		$-$	0	$+$
$f(x)$	$\searrow$		$\searrow$	極小 12	$\nearrow$

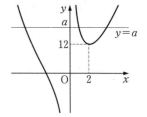

75a 標準 方程式 $\dfrac{1}{x^2+1}=a$ の異なる実数解の個数を求めよ。ただし，a は定数とする。

75b 標準 方程式 $\dfrac{x^2}{e^x}=a$ の異なる実数解の個数を求めよ。ただし，a は定数とする。また，$\displaystyle\lim_{x\to\infty}\dfrac{x^2}{e^x}=0$ は証明なしに用いてよい。

検印

3 速度・加速度

KEY 64
直線上の運動

数直線上を運動する点 P の座標 x が，時刻 t の関数として，$x=f(t)$ で表されるとき

$$速度 \quad v=\frac{dx}{dt}=f'(t) \qquad 加速度 \quad \alpha=\frac{dv}{dt}=\frac{d^2x}{dt^2}=f''(t)$$

例 72 数直線上を運動する点 P の時刻 t における座標 x が $x=3\sin\left(\pi t+\frac{\pi}{2}\right)$ で表されるとき，$t=3$ における点 P の速度と加速度を求めよ。

解答 時刻 t における点 P の速度 v，加速度 α は

$$v=\frac{dx}{dt}=3\pi\cos\left(\pi t+\frac{\pi}{2}\right), \quad \alpha=\frac{dv}{dt}=-3\pi^2\sin\left(\pi t+\frac{\pi}{2}\right)$$

よって，$t=3$ における点 P の速度と加速度は

$$v=3\pi\cos\frac{7}{2}\pi=0, \quad \alpha=-3\pi^2\sin\frac{7}{2}\pi=3\pi^2$$

76a 基本 数直線上を運動する点 P の時刻 t における座標 x が $x=\sqrt{t}+1$ で表されるとき，$t=4$ における点 P の速度と加速度を求めよ。

76b 基本 数直線上を運動する点 P の時刻 t における座標 x が $x=2t^3e^t$ で表されるとき，$t=1$ における点 P の速度と加速度を求めよ。

検
印

KEY 65
平面上の運動

座標平面上を運動する点 P の時刻 t における座標を (x, y) とすると

速度 $\vec{v} = \left(\dfrac{dx}{dt}, \dfrac{dy}{dt} \right)$　　速さ　$|\vec{v}| = \sqrt{\left(\dfrac{dx}{dt} \right)^2 + \left(\dfrac{dy}{dt} \right)^2}$

加速度 $\vec{\alpha} = \left(\dfrac{d^2x}{dt^2}, \dfrac{d^2y}{dt^2} \right)$　加速度の大きさ $|\vec{\alpha}| = \sqrt{\left(\dfrac{d^2x}{dt^2} \right)^2 + \left(\dfrac{d^2y}{dt^2} \right)^2}$

例 73 座標平面上を運動する点 P の時刻 t における座標 (x, y) が $x = 2\cos 2t$, $y = 3\sin 2t$ で表されるとき, $t = \pi$ における点 P の速さと加速度の大きさを求めよ。

解答 $\dfrac{dx}{dt} = -4\sin 2t$, $\dfrac{dy}{dt} = 6\cos 2t$ であるから, $t = \pi$ における点 P の速さ $|\vec{v}|$ は

$$|\vec{v}| = \sqrt{(-4\sin 2\pi)^2 + (6\cos 2\pi)^2} = \sqrt{0^2 + 6^2} = 6$$

また, $\dfrac{d^2x}{dt^2} = -8\cos 2t$, $\dfrac{d^2y}{dt^2} = -12\sin 2t$ であるから, $t = \pi$ における点 P の加速度の大きさ $|\vec{\alpha}|$ は

$$|\vec{\alpha}| = \sqrt{(-8\cos 2\pi)^2 + (-12\sin 2\pi)^2} = \sqrt{(-8)^2 + 0^2} = 8$$

77a 基本 座標平面上を運動する点 P の時刻 t における座標 (x, y) が $x = 2t - 3$, $y = -2t^2 + 1$ で表されるとき, $t = 3$ における点 P の速さと加速度の大きさを求めよ。

77b 基本 座標平面上を運動する点 P の時刻 t における座標 (x, y) が $x = 3\cos t$, $y = 2\sin t$ で表されるとき, $t = \dfrac{\pi}{6}$ における点 P の速さと加速度の大きさを求めよ。

KEY 66
近似式

① $h \fallingdotseq 0$ のとき $f(a+h) \fallingdotseq f(a) + f'(a)h$
② $x \fallingdotseq 0$ のとき $f(x) \fallingdotseq f(0) + f'(0)x$ とくに $(1+x)^r \fallingdotseq 1+rx$

例 74 $x \fallingdotseq 0$ のとき，$\cos\left(x+\dfrac{\pi}{2}\right)$ の 1 次の近似式を作れ。

解答 $f(x) = \cos\left(x+\dfrac{\pi}{2}\right)$ とおくと $f'(x) = -\sin\left(x+\dfrac{\pi}{2}\right)$

よって $f(0) = \cos\dfrac{\pi}{2} = 0,\ f'(0) = -\sin\dfrac{\pi}{2} = -1$

したがって，$x \fallingdotseq 0$ のとき $\cos\left(x+\dfrac{\pi}{2}\right) \fallingdotseq -x$ ◀ $f(0)=0,\ f'(0)=-1$ を
$f(x) \fallingdotseq f(0)+f'(0)x$ に代入する。

78a 基本 $x \fallingdotseq 0$ のとき，$\tan x$ の 1 次の近似式を作れ。

78b 基本 $x \fallingdotseq 0$ のとき，$\log_{10}(1+x)$ の 1 次の近似式を作れ。

例 75 $\sqrt[4]{1.008}$ の近似値を求めよ。

解答 $x \fallingdotseq 0$ のとき $\sqrt[4]{1+x} = (1+x)^{\frac{1}{4}} \fallingdotseq 1 + \dfrac{1}{4}x$

$x = 0.008$ とすると，x は十分 0 に近いから

$\sqrt[4]{1.008} \fallingdotseq 1 + \dfrac{1}{4} \times 0.008 = 1 + 0.002 = \mathbf{1.002}$

79a 基本 0.998^{10} の近似値を求めよ。

79b 基本 $\dfrac{1}{\sqrt[3]{1.09}}$ の近似値を求めよ。

例題 11 　共通接線

　2つの曲線 $y=x^2+a$ と $y=4\sqrt{x}$ が同一の点Pで共通の接線 ℓ をもつとき，定数 a の値および接線 ℓ の方程式を求めよ。

【ガイド】 2曲線 $y=f(x)$，$y=g(x)$ が同一の点Pで共通の接線をもつ
　　　　　$\Longleftrightarrow$ 点Pの x 座標を t とすると，$f(t)=g(t)$ かつ $f'(t)=g'(t)$

解答 $f(x)=x^2+a$，$g(x)=4\sqrt{x}$ とし，点Pの x 座標を t とする。

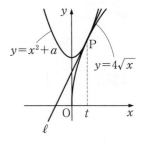

　y 座標は等しいから　$f(t)=g(t)$

　よって　$t^2+a=4\sqrt{t}$　　　　　　　　……①

　接線の傾きは等しいから　$f'(t)=g'(t)$

　よって　$2t=\dfrac{2}{\sqrt{t}}$　　　　　　　　……②

　②の両辺を2乗して整理すると　$t^3=1$

　t は実数であるから　$t=1$　これは②を満たす。

　このとき，①より　$a=3$

　点Pの座標は　$(1,\ 4)$

　接線 ℓ の方程式は　$y-4=f'(1)(x-1)$　　　すなわち　$y=2x+2$

練習 11 　2つの曲線 $y=ax^2$ と $y=\log x$ が同一の点Pで共通の接線 ℓ をもつとき，定数 a の値および接線 ℓ の方程式を求めよ。

1 節 | 不定積分

1 不定積分

KEY 67
x^α の不定積分

$$\int x^\alpha\,dx = \frac{1}{\alpha+1}x^{\alpha+1}+C \qquad ただし \quad \alpha \neq -1$$

$$\int x^{-1}\,dx = \int \frac{1}{x}\,dx = \log|x|+C$$

例 76 次の不定積分を求めよ。

(1) $\displaystyle\int \frac{dx}{x^3}$

(2) $\displaystyle\int \sqrt[4]{x}\,dx$

解答

(1) $\displaystyle\int \frac{dx}{x^3} = \int x^{-3}\,dx = \frac{1}{-3+1}x^{-3+1}+C = -\frac{1}{2x^2}+C$

(2) $\displaystyle\int \sqrt[4]{x}\,dx = \int x^{\frac{1}{4}}\,dx = \frac{1}{\frac{1}{4}+1}x^{\frac{1}{4}+1}+C = \frac{4}{5}x^{\frac{5}{4}}+C = \frac{4}{5}x\sqrt[4]{x}+C$

80a 基本 次の不定積分を求めよ。

(1) $\displaystyle\int \frac{dx}{x^5}$

(2) $\displaystyle\int \frac{dx}{\sqrt[4]{x}}$

(3) $\displaystyle\int x\sqrt{x}\,dx$

80b 基本 次の不定積分を求めよ。

(1) $\displaystyle\int \frac{dx}{x^{10}}$

(2) $\displaystyle\int \sqrt[5]{t^2}\,dt$

(3) $\displaystyle\int \frac{dx}{\sqrt[3]{x^2}}$

KEY 68
不定積分の性質

① $\displaystyle\int kf(x)\,dx = k\int f(x)\,dx$　　ただし，k は定数

② $\displaystyle\int \{f(x)+g(x)\}\,dx = \int f(x)\,dx + \int g(x)\,dx$

③ $\displaystyle\int \{f(x)-g(x)\}\,dx = \int f(x)\,dx - \int g(x)\,dx$

例 77 不定積分 $\displaystyle\int \frac{3x^4-2x^3}{x^5}\,dx$ を求めよ。

解答
$$\int \frac{3x^4-2x^3}{x^5}\,dx = \int\left(\frac{3}{x}-\frac{2}{x^2}\right)dx = \int(3x^{-1}-2x^{-2})\,dx$$
$$= 3\log|x| - 2\cdot\frac{1}{-2+1}x^{-2+1} + C = 3\log|x| + \frac{2}{x} + C$$

81a 基本 次の不定積分を求めよ。

(1) $\displaystyle\int \sqrt{x}\,(x+3)\,dx$

(2) $\displaystyle\int \frac{3x^2-1}{x}\,dx$

81b 基本 次の不定積分を求めよ。

(1) $\displaystyle\int (\sqrt{x}-2)^2\,dx$

(2) $\displaystyle\int \frac{7x+5}{\sqrt{x}}\,dx$

検印

三角関数の不定積分

$$\int \sin x \, dx = -\cos x + C, \qquad \int \cos x \, dx = \sin x + C, \qquad \int \frac{dx}{\cos^2 x} = \tan x + C$$

例 78 不定積分 $\displaystyle \int \frac{\cos^3 x + 2}{\cos^2 x} \, dx$ を求めよ。

解答 $\displaystyle \int \frac{\cos^3 x + 2}{\cos^2 x} \, dx = \int \left(\cos x + \frac{2}{\cos^2 x} \right) dx = \sin x + 2 \tan x + C$

82a 基本 次の不定積分を求めよ。

(1) $\displaystyle \int 2 \sin x \, dx$

(2) $\displaystyle \int \frac{dx}{1 - \sin^2 x}$

82b 基本 次の不定積分を求めよ。

(1) $\displaystyle \int (4 \cos x - \sin x) \, dx$

(2) $\displaystyle \int \tan x (\cos x - \tan x) \, dx$

検印

KEY 70
指数関数の不定積分

$$\int e^x \, dx = e^x + C, \qquad \int a^x \, dx = \frac{a^x}{\log a} + C$$

例 79 次の不定積分を求めよ。

(1) $\displaystyle \int (2e^x - 1) \, dx$ (2) $\displaystyle \int 2^x \, dx$

解答 (1) $\displaystyle \int (2e^x - 1) \, dx = 2e^x - x + C$ (2) $\displaystyle \int 2^x \, dx = \frac{2^x}{\log 2} + C$

83a 基本 次の不定積分を求めよ。

(1) $\displaystyle \int (2x - e^x) \, dx$

(2) $\displaystyle \int 7^x \, dx$

83b 基本 次の不定積分を求めよ。

(1) $\displaystyle \int e^x (e^{-x} + 1) \, dx$

(2) $\displaystyle \int (3^x + 7) \, dx$

検印

KEY 71
$f(ax+b)$ の不定積分

$F'(x)=f(x)$, $a \neq 0$ のとき $\displaystyle\int f(ax+b)\,dx = \frac{1}{a}F(ax+b)+C$

例 80 次の不定積分を求めよ。

(1) $\displaystyle\int (5x-3)^3\,dx$　　　　　　(2) $\displaystyle\int \sin(2x+1)\,dx$

解答 (1) $\displaystyle\int (5x-3)^3\,dx = \frac{1}{5}\cdot\frac{1}{4}(5x-3)^4 + C = \frac{1}{20}(5x-3)^4 + C$

(2) $\displaystyle\int \sin(2x+1)\,dx = -\frac{1}{2}\cos(2x+1) + C$

84a 基本 次の不定積分を求めよ。

(1) $\displaystyle\int (2x+1)^5\,dx$

(2) $\displaystyle\int e^{3x-4}\,dx$

(3) $\displaystyle\int \cos\left(2x+\frac{\pi}{6}\right)dx$

(4) $\displaystyle\int \sqrt{1-x}\,dx$

84b 基本 次の不定積分を求めよ。

(1) $\displaystyle\int \frac{dx}{(3x-2)^2}$

(2) $\displaystyle\int 3^{2x-1}\,dx$

(3) $\displaystyle\int \sin(4-3x)\,dx$

(4) $\displaystyle\int \frac{dx}{4x+5}$

2 置換積分法

$$\int f(x)\,dx = \int f(g(t))g'(t)\,dt \qquad \text{ただし} \quad x = g(t)$$

置換積分法(1)

例 81 不定積分 $\int (x+3)(2x+1)^4\,dx$ を，置換積分法を利用して求めよ。

解答 $2x+1=t$ とおくと，$x = \dfrac{t-1}{2}$ より，$\dfrac{dx}{dt} = \dfrac{1}{2}$ であるから

$$\int (x+3)(2x+1)^4\,dx = \int \left(\frac{t-1}{2}+3\right)t^4 \cdot \frac{1}{2}\,dt = \frac{1}{4}\int (t^5+5t^4)\,dt = \frac{1}{4}\left(\frac{1}{6}t^6 + t^5\right) + C$$

$$= \frac{1}{24}t^5(t+6) + C = \frac{1}{24}(2x+1)^5(2x+7) + C$$

85a 基本 次の不定積分を，置換積分法を利用して求めよ。

(1) $\displaystyle\int x(x+2)^4\,dx$

85b 基本 次の不定積分を，置換積分法を利用して求めよ。

(1) $\displaystyle\int x(3x-1)^3\,dx$

(2) $\displaystyle\int (3x+1)(x-1)^3\,dx$

(2) $\displaystyle\int (4x-1)(2x-3)^2\,dx$

例 82 不定積分 $\displaystyle\int \frac{3x}{\sqrt{3-x}}\,dx$ を求めよ。

解答 $\sqrt{3-x}=t$ とおくと，$x=-t^2+3$ より，$\dfrac{dx}{dt}=-2t$ であるから

$$\int \frac{3x}{\sqrt{3-x}}\,dx=\int \frac{3(-t^2+3)}{t}\cdot(-2t)\,dt=6\int(t^2-3)\,dt=6\left(\frac{1}{3}t^3-3t\right)+C$$

$$=2t(t^2-9)+C=2\sqrt{3-x}\{(3-x)-9\}+C=2\sqrt{3-x}\,(-x-6)+C$$

$$=-2(x+6)\sqrt{3-x}+C$$

86a 標準 次の不定積分を求めよ。

(1) $\displaystyle\int x\sqrt{2x+1}\,dx$

(2) $\displaystyle\int \frac{x}{\sqrt{3x-1}}\,dx$

86b 標準 次の不定積分を求めよ。

(1) $\displaystyle\int x\sqrt{4-x}\,dx$

(2) $\displaystyle\int \frac{x}{\sqrt[3]{x-1}}\,dx$

例 83 不定積分 $\displaystyle\int \sin^4 x \cos x\,dx$ を求めよ。

解答 $\sin x = t$ とおくと

$$\int \sin^4 x \cos x\,dx = \int \sin^4 x (\sin x)'\,dx = \int t^4\,dt = \frac{1}{5}t^5 + C = \frac{1}{5}\sin^5 x + C$$

87a 標準 次の不定積分を求めよ。

(1) $\displaystyle\int \sin^3 x \cos x\,dx$

(2) $\displaystyle\int 2x(x^2+1)^5\,dx$

(3) $\displaystyle\int x\sqrt{x^2+1}\,dx$

87b 標準 次の不定積分を求めよ。

(1) $\displaystyle\int x^2(x^3-2)^4\,dx$

(2) $\displaystyle\int e^x(e^x-1)^3\,dx$

(3) $\displaystyle\int \frac{(\log x)^2}{x}\,dx$

KEY 74

$$\int \frac{f'(x)}{f(x)}\,dx = \log|f(x)| + C$$

$\dfrac{f'(x)}{f(x)}$ の不定積分

$f(x)$ がつねに正のときは，絶対値記号をはずすことができる。

例 84 不定積分 $\displaystyle\int \frac{x}{x^2+3}\,dx$ を求めよ。

解答
$$\int \frac{x}{x^2+3}\,dx = \frac{1}{2}\int \frac{2x}{x^2+3}\,dx = \frac{1}{2}\int \frac{(x^2+3)'}{x^2+3}\,dx$$
$$= \frac{1}{2}\log|x^2+3| + C = \frac{1}{2}\log(x^2+3) + C \qquad \blacktriangleleft\ x^2+3>0 \text{ であるから}\quad |x^2+3| = x^2+3$$

88a 標準 次の不定積分を求めよ。

(1) $\displaystyle\int \frac{2x-3}{x^2-3x+1}\,dx$

(2) $\displaystyle\int \frac{x}{x^2+1}\,dx$

(3) $\displaystyle\int \frac{\cos x}{2+\sin x}\,dx$

88b 標準 次の不定積分を求めよ。

(1) $\displaystyle\int \frac{3x+1}{3x^2+2x}\,dx$

(2) $\displaystyle\int \frac{1-\sin x}{x+\cos x}\,dx$

(3) $\displaystyle\int \frac{e^{2x}}{e^{2x}+1}\,dx$

考えてみよう 10 不定積分 $\displaystyle\int \frac{1}{x\log x}\,dx$ を求めてみよう。

3 部分積分法

$f(x)g'(x)$ はただちに積分できないが $f'(x)g(x)$ は積分できるとき，次の部分積分法を用いるとよい。

$$\int f(x)g'(x)\,dx = f(x)g(x) - \int f'(x)g(x)\,dx$$

例 85 不定積分 $\int x\cos 2x\,dx$ を求めよ。

解答

$$\int x\cos 2x\,dx = \int x\cdot\left(\frac{1}{2}\sin 2x\right)'dx$$

$$= x\cdot\frac{1}{2}\sin 2x - \int(x)'\cdot\frac{1}{2}\sin 2x\,dx$$

$$= \frac{1}{2}x\sin 2x - \frac{1}{2}\int\sin 2x\,dx + C$$

$$= \frac{1}{2}x\sin 2x + \frac{1}{4}\cos 2x + C$$

$$
\begin{array}{cc}
f(x)=x & g'(x)=\cos 2x \\
\downarrow & \downarrow \\
f'(x)=1 & g(x)=\dfrac{1}{2}\sin 2x
\end{array}
$$

89a 基本 次の不定積分を求めよ。

(1) $\displaystyle\int(x+1)\sin x\,dx$

89b 基本 次の不定積分を求めよ。

(1) $\displaystyle\int x\cos\frac{x}{2}\,dx$

(2) $\displaystyle\int(3x-1)e^{-x}\,dx$

(2) $\displaystyle\int xe^{2x+1}\,dx$

例 86 不定積分 $\displaystyle\int x^3 \log x \, dx$ を求めよ。

解答

$$\int x^3 \log x \, dx = \int (\log x) \cdot \left(\frac{1}{4} x^4\right)' dx$$

$$= (\log x) \cdot \frac{1}{4} x^4 - \int (\log x)' \cdot \frac{1}{4} x^4 \, dx$$

$$= \frac{1}{4} x^4 \log x - \frac{1}{4} \int x^3 \, dx$$

$$= \frac{1}{4} x^4 \log x - \frac{1}{4} \cdot \frac{1}{4} x^4 + C = \frac{1}{4} x^4 \log x - \frac{1}{16} x^4 + C$$

$$
\begin{array}{ccc}
f(x) = \log x & & g'(x) = x^3 \\
\downarrow & & \downarrow \\
f'(x) = \dfrac{1}{x} & & g(x) = \dfrac{1}{4} x^4
\end{array}
$$

90a 標準 不定積分 $\displaystyle\int \log 3x \, dx$ を求めよ。

90b 標準 不定積分 $\displaystyle\int (2x-1)\log x \, dx$ を求めよ。

91a 標準 不定積分 $\displaystyle\int \log(x+2) \, dx$ を求めよ。

91b 標準 不定積分 $\displaystyle\int \log(x-1) \, dx$ を求めよ。

考えてみよう 11 部分積分法をくり返し用いて、不定積分 $\displaystyle\int x^2 e^x \, dx$ を求めてみよう。

検印

4 分数関数に関する不定積分

（分子の次数）≧
（分母の次数）の場合

$$\frac{A}{B}=Q+\frac{R}{B} \text{ と変形}\quad（A \text{ を } B \text{ で割った商が } Q, \text{ 余りが } R）$$

例 87 不定積分 $\displaystyle\int \frac{x^2+3x-2}{x+2}\,dx$ を求めよ。

解答 $\dfrac{x^2+3x-2}{x+2}=\dfrac{(x+2)(x+1)-4}{x+2}=x+1+\dfrac{-4}{x+2}$ と変形できるから

$$\int \frac{x^2+3x-2}{x+2}\,dx=\int\left(x+1+\frac{-4}{x+2}\right)dx$$

$$=\frac{1}{2}x^2+x-4\log|x+2|+C$$

$$
\begin{array}{r}
x+1 \\
x+2\,\overline{)\,x^2+3x-2} \\
\underline{x^2+2x} \\
x-2 \\
\underline{x+2} \\
-4
\end{array}
$$

92a 基本 次の不定積分を求めよ。

(1) $\displaystyle\int \frac{x^2-1}{x+2}\,dx$

(2) $\displaystyle\int \frac{4x^2}{2x-1}\,dx$

92b 基本 次の不定積分を求めよ。

(1) $\displaystyle\int \frac{x^2+4x+2}{x+3}\,dx$

(2) $\displaystyle\int \frac{x^3}{x-1}\,dx$

KEY 77

部分分数の分解の利用

(分子の次数)<(分母の次数)で，分母が因数分解できるとき，部分分数に分解して，簡単な分数式の和(差)に変形してから積分する。

例 **88** 不定積分 $\displaystyle\int \frac{2}{x^2+4x+3}\,dx$ を求めよ。

解答

$\dfrac{2}{x^2+4x+3}=\dfrac{a}{x+1}+\dfrac{b}{x+3}$ とおく。　　　　◀ $x^2+4x+3=(x+1)(x+3)$

両辺に $(x+1)(x+3)$ を掛けると　$2=a(x+3)+b(x+1)$

右辺を整理すると　$2=(a+b)x+(3a+b)$

x についての恒等式とみると　$a+b=0,\ 3a+b=2$

これを連立させて解くと　$a=1,\ b=-1$

よって　$\displaystyle\int \frac{2}{x^2+4x+3}\,dx=\int\left(\frac{1}{x+1}-\frac{1}{x+3}\right)dx=\log|x+1|-\log|x+3|+C$

$\qquad\qquad\qquad =\log\left|\dfrac{x+1}{x+3}\right|+C$

93a 標準 不定積分 $\displaystyle\int \frac{dx}{x^2-5x+4}$ を求めよ。

93b 標準 不定積分 $\displaystyle\int \frac{3}{x^2-3x+2}\,dx$ を求めよ。

5 三角関数に関する不定積分

KEY 78
2倍角の公式の利用

2倍角の公式から得られる次の式を利用する。

$$\sin^2 x = \frac{1-\cos 2x}{2}, \quad \cos^2 x = \frac{1+\cos 2x}{2}, \quad \sin x \cos x = \frac{\sin 2x}{2}$$

例 89 不定積分 $\displaystyle\int \cos^2 \frac{x}{2}\, dx$ を求めよ。

解答 $\displaystyle\int \cos^2 \frac{x}{2}\, dx = \int \frac{1+\cos x}{2}\, dx = \frac{1}{2}\int (1+\cos x)\, dx = \frac{1}{2}(x+\sin x)+C$

94a 基本 次の不定積分を求めよ。

(1) $\displaystyle\int \cos^2 3x\, dx$

(2) $\displaystyle\int \sin^2 (2x-1)\, dx$

(3) $\displaystyle\int (\sin x - \cos x)^2\, dx$

94b 基本 次の不定積分を求めよ。

(1) $\displaystyle\int \sin^2 \frac{x}{2}\, dx$

(2) $\displaystyle\int (\sin^2 x - \cos^2 x)\, dx$

(3) $\displaystyle\int \cos x(\sin x - \cos x)\, dx$

KEY 79

三角関数の積の
不定積分

① $\sin\alpha\cos\beta = \dfrac{1}{2}\{\sin(\alpha+\beta)+\sin(\alpha-\beta)\}$

② $\cos\alpha\cos\beta = \dfrac{1}{2}\{\cos(\alpha+\beta)+\cos(\alpha-\beta)\}$

③ $\sin\alpha\sin\beta = -\dfrac{1}{2}\{\cos(\alpha+\beta)-\cos(\alpha-\beta)\}$

を利用して，積分できる形に変形する。

例 90 不定積分 $\displaystyle\int \sin 4x\cos 3x\,dx$ を求めよ。

解答 $\sin 4x\cos 3x = \dfrac{1}{2}\{\sin(4x+3x)+\sin(4x-3x)\} = \dfrac{1}{2}(\sin 7x+\sin x)$ であるから

$$\int \sin 4x\cos 3x\,dx = \frac{1}{2}\int(\sin 7x+\sin x)\,dx = \frac{1}{2}\left(-\frac{1}{7}\cos 7x-\cos x\right)+C$$

$$= -\frac{1}{14}\cos 7x-\frac{1}{2}\cos x+C$$

95a 標準 次の不定積分を求めよ。

(1) $\displaystyle\int \sin 5x\cos 2x\,dx$

95b 標準 次の不定積分を求めよ。

(1) $\displaystyle\int \sin 3x\cos 2x\,dx$

(2) $\displaystyle\int \cos 4x\cos x\,dx$

(2) $\displaystyle\int \sin 3x\sin 2x\,dx$

4章 積分法とその応用

例題 12 三角関数に関するやや複雑な不定積分

次の不定積分を求めよ。

(1) $\displaystyle\int \sin^3 x\,dx$ 　　　　(2) $\displaystyle\int \frac{1}{\sin x}\,dx$

【ガイド】 三角関数の相互関係を利用して，公式が使える形にする。

解答 (1) $\displaystyle\int \sin^3 x\,dx = \int \sin^2 x \sin x\,dx = \int (1-\cos^2 x)\sin x\,dx$ 　　　◀ $\sin^2 x = 1-\cos^2 x$

$\displaystyle\qquad\qquad = \int (\cos^2 x - 1)(-\sin x)\,dx$

$\cos x = t$ とおくと，$-\sin x\,dx = dt$ であるから

$\displaystyle\int (\cos^2 x -1)(-\sin x)\,dx = \int (t^2-1)\,dt = \frac{1}{3}t^3 - t + C = \frac{1}{3}\cos^3 x - \cos x + C$

(2) $\displaystyle\int \frac{1}{\sin x}\,dx = \int \frac{\sin x}{\sin^2 x}\,dx$ 　　　◀分母と分子に $\sin x$ を掛ける。

$\displaystyle\qquad\qquad = \int \frac{\sin x}{1-\cos^2 x}\,dx = \int \frac{-\sin x}{\cos^2 x -1}\,dx$

$\cos x = t$ とおくと，$-\sin x\,dx = dt$ であるから

$\displaystyle\int \frac{-\sin x}{\cos^2 x -1}\,dx = \int \frac{dt}{t^2-1} = \int \frac{1}{2}\left(\frac{1}{t-1} - \frac{1}{t+1}\right)dt$

$\displaystyle\qquad\qquad = \frac{1}{2}(\log|t-1| - \log|t+1|) + C = \frac{1}{2}\log\left|\frac{t-1}{t+1}\right| + C$

$\displaystyle\qquad\qquad = \frac{1}{2}\log\left|\frac{\cos x -1}{\cos x +1}\right| + C = \frac{1}{2}\log \frac{1-\cos x}{1+\cos x} + C$

練習 12 次の不定積分を求めよ。

(1) $\displaystyle\int \cos^3 x\,dx$

(2) $\displaystyle\int \frac{1}{\cos x}\,dx$

例題 13　$e^x\sin x,\ e^x\cos x$ の不定積分

不定積分 $\displaystyle\int e^x\sin x\,dx$ を求めよ。

【ガイド】 $\displaystyle\int e^x\sin x\,dx$ を部分積分法を用いて計算すると，$\displaystyle\int e^x\sin x\,dx$ が現れる。そこで，$I=\displaystyle\int e^x\sin x\,dx$ とおいて I の方程式を導き，I を求める。

解答　与えられた不定積分を I とおくと，部分積分法により

$$I=\int e^x(-\cos x)'\,dx$$

$$=e^x(-\cos x)-\int (e^x)'(-\cos x)\,dx$$

$$=-e^x\cos x+\int e^x\cos x\,dx$$

$$=-e^x\cos x+\int e^x(\sin x)'\,dx \qquad \blacktriangleleft もう1度部分積分法を用いる。$$

$$=-e^x\cos x+\left(e^x\sin x-\int e^x\sin x\,dx\right)$$

$$=-e^x\cos x+e^x\sin x-I$$

積分定数を考慮して　$I=\dfrac{1}{2}e^x(\sin x-\cos x)+C$

すなわち　$\displaystyle\int e^x\sin x\,dx=\dfrac{1}{2}e^x(\sin x-\cos x)+C$

練習 13　不定積分 $\displaystyle\int e^x\cos x\,dx$ を求めよ。

4章　積分法とその応用

検印

97

1 定積分

KEY 80
定積分の定義

$F'(x)=f(x)$ のとき $\displaystyle\int_a^b f(x)\,dx = \Big[F(x)\Big]_a^b = F(b)-F(a)$

例 **91** 定積分 $\displaystyle\int_1^9 \frac{dx}{\sqrt{x}}$ を求めよ。

解答 $\displaystyle\int_1^9 \frac{dx}{\sqrt{x}} = \int_1^9 x^{-\frac{1}{2}}\,dx = \Big[2x^{\frac{1}{2}}\Big]_1^9 = 2\cdot 9^{\frac{1}{2}} - 2\cdot 1^{\frac{1}{2}} = 6-2 = 4$

96a 基本 次の定積分を求めよ。

(1) $\displaystyle\int_1^3 \frac{dx}{x^2}$

(2) $\displaystyle\int_0^1 e^{2x}\,dx$

(3) $\displaystyle\int_0^{\frac{\pi}{4}} \frac{dx}{\cos^2 x}$

96b 基本 次の定積分を求めよ。

(1) $\displaystyle\int_2^5 \frac{dx}{x+1}$

(2) $\displaystyle\int_4^7 \sqrt{x-3}\,dx$

(3) $\displaystyle\int_0^{\frac{\pi}{4}} \sin 2\theta\,d\theta$

定積分の性質

① $\int_a^b kf(x)\,dx = k\int_a^b f(x)\,dx$　　ただし，k は定数

② $\int_a^b \{f(x)+g(x)\}\,dx = \int_a^b f(x)\,dx + \int_a^b g(x)\,dx$

③ $\int_a^b \{f(x)-g(x)\}\,dx = \int_a^b f(x)\,dx - \int_a^b g(x)\,dx$

例 92 定積分 $\displaystyle\int_1^4 \frac{(x-1)^2}{x}\,dx$ を求めよ。

解答
$$\int_1^4 \frac{(x-1)^2}{x}\,dx = \int_1^4 \frac{x^2-2x+1}{x}\,dx = \int_1^4 \left(x-2+\frac{1}{x}\right)dx = \left[\frac{1}{2}x^2-2x+\log|x|\right]_1^4$$
$$= (8-8+\log 4)-\left(\frac{1}{2}-2+0\right) = \frac{3}{2}+\log 4$$

97a 基本 次の定積分を求めよ。

(1) $\displaystyle\int_4^9 \frac{2x+1}{\sqrt{x}}\,dx$

(2) $\displaystyle\int_0^{\frac{\pi}{2}} \cos^2 2x\,dx$

97b 基本 次の定積分を求めよ。

(1) $\displaystyle\int_0^1 (2e^x-1)^2\,dx$

(2) $\displaystyle\int_{-\pi}^{\pi} \sin 3\theta \sin\theta\,d\theta$

積分区間を，絶対値記号の中が 0 以上，0 以下になる区間に分け，絶対値記号をはずしてから積分する。

例 93 定積分 $\int_{-\frac{\pi}{4}}^{\frac{\pi}{4}} |\sin x| \, dx$ を求めよ。

解答 $-\frac{\pi}{4} \leqq x \leqq 0$ のとき，$\sin x \leqq 0$ であるから $|\sin x| = -\sin x$

$0 \leqq x \leqq \frac{\pi}{4}$ のとき，$\sin x \geqq 0$ であるから $|\sin x| = \sin x$

よって

$$\int_{-\frac{\pi}{4}}^{\frac{\pi}{4}} |\sin x| \, dx = \int_{-\frac{\pi}{4}}^{0} |\sin x| \, dx + \int_{0}^{\frac{\pi}{4}} |\sin x| \, dx = \int_{-\frac{\pi}{4}}^{0} (-\sin x) \, dx + \int_{0}^{\frac{\pi}{4}} \sin x \, dx$$

$$= \Big[\cos x \Big]_{-\frac{\pi}{4}}^{0} + \Big[-\cos x \Big]_{0}^{\frac{\pi}{4}} = \left\{ \cos 0 - \cos\left(-\frac{\pi}{4}\right) \right\} + \left(-\cos\frac{\pi}{4} + \cos 0 \right) = 2 - \sqrt{2}$$

98a 標準 定積分 $\int_{1}^{9} |\sqrt{x} - 2| \, dx$ を求めよ。

98b 標準 定積分 $\int_{-2}^{1} |e^x - 1| \, dx$ を求めよ。

2 定積分の置換積分法・部分積分法

KEY 83
定積分の置換積分法

$x=g(t)$ のとき，$a=g(\alpha)$，$b=g(\beta)$ ならば
$$\int_a^b f(x)\,dx = \int_\alpha^\beta f(g(t))g'(t)\,dt$$

x	$a \longrightarrow b$
t	$\alpha \longrightarrow \beta$

例 94 定積分 $\displaystyle\int_1^2 x(2-x)^4\,dx$ を求めよ。

解答 $2-x=t$ とおくと，$x=2-t$ より $\dfrac{dx}{dt}=-1$

x と t の対応は，右のようになる。

x	$1 \longrightarrow 2$
t	$1 \longrightarrow 0$

よって $\displaystyle\int_1^2 x(2-x)^4\,dx = \int_1^0 (2-t)t^4\cdot(-1)\,dt = \int_0^1 (2t^4-t^5)\,dt$

$$= \left[\frac{2}{5}t^5 - \frac{1}{6}t^6\right]_0^1 = \frac{2}{5} - \frac{1}{6} = \frac{7}{30}$$

99a 基本 次の定積分を求めよ。

(1) $\displaystyle\int_1^3 x(x-3)^3\,dx$

99b 基本 次の定積分を求めよ。

(1) $\displaystyle\int_{-1}^0 \frac{x}{(x+2)^3}\,dx$

(2) $\displaystyle\int_0^2 x\sqrt{2-x}\,dx$

(2) $\displaystyle\int_{-1}^0 \frac{x}{\sqrt{1-x}}\,dx$

$\sqrt{a^2-x^2}\ (a>0)$ を含む関数の場合, $x=a\sin\theta$ とおきかえる。
積分区間は, 計算が楽になるような簡単な区間をとる。

例 95 定積分 $\displaystyle\int_0^{\sqrt{3}}\sqrt{4-x^2}\,dx$ を求めよ。

解答 $x=2\sin\theta$ とおくと $\dfrac{dx}{d\theta}=2\cos\theta$

x と θ の対応は, 右のようになる。

x	$0 \longrightarrow \sqrt{3}$
θ	$0 \longrightarrow \dfrac{\pi}{3}$

$0\leqq\theta\leqq\dfrac{\pi}{3}$ のとき, $\cos\theta\geqq0$ であるから $\sqrt{4-x^2}=\sqrt{4(1-\sin^2\theta)}=\sqrt{4\cos^2\theta}=2\cos\theta$

よって $\displaystyle\int_0^{\sqrt{3}}\sqrt{4-x^2}\,dx=\int_0^{\frac{\pi}{3}}2\cos\theta\cdot2\cos\theta\,d\theta=4\int_0^{\frac{\pi}{3}}\cos^2\theta\,d\theta=4\int_0^{\frac{\pi}{3}}\dfrac{1+\cos2\theta}{2}\,d\theta$

$\displaystyle=2\Big[\theta+\dfrac{1}{2}\sin2\theta\Big]_0^{\frac{\pi}{3}}=\dfrac{2}{3}\pi+\dfrac{\sqrt{3}}{2}$

100a 標準 定積分 $\displaystyle\int_0^{\frac{1}{2}}\sqrt{1-x^2}\,dx$ を求めよ。

100b 標準 定積分 $\displaystyle\int_0^{2\sqrt{3}}\dfrac{dx}{\sqrt{16-x^2}}$ を求めよ。

特殊なおきかえ(2)

$\dfrac{1}{a^2+x^2}$ ($a>0$) を含む関数の場合，$x=a\tan\theta$ とおきかえる。

積分区間は，計算が楽になるような簡単な区間をとる。

例 96 定積分 $\displaystyle\int_0^{\sqrt{3}}\dfrac{dx}{9+x^2}$ を求めよ。

解答 $x=3\tan\theta$ とおくと $\dfrac{dx}{d\theta}=\dfrac{3}{\cos^2\theta}$

x と θ の対応は，右のようになる。

x	$0 \longrightarrow \sqrt{3}$
θ	$0 \longrightarrow \dfrac{\pi}{6}$

また，$\dfrac{1}{9+x^2}=\dfrac{1}{9(1+\tan^2\theta)}=\dfrac{1}{9}\cos^2\theta$ であるから

$$\int_0^{\sqrt{3}}\dfrac{dx}{9+x^2}=\int_0^{\frac{\pi}{6}}\dfrac{1}{9}\cos^2\theta\cdot\dfrac{3}{\cos^2\theta}\,d\theta=\dfrac{1}{3}\int_0^{\frac{\pi}{6}}d\theta=\dfrac{1}{3}\Big[\theta\Big]_0^{\frac{\pi}{6}}=\dfrac{\pi}{18}$$

101a 標準 定積分 $\displaystyle\int_0^{2\sqrt{3}}\dfrac{dx}{4+x^2}$ を求めよ。

101b 標準 定積分 $\displaystyle\int_0^{\sqrt{2}}\dfrac{dx}{2+x^2}$ を求めよ。

$f(-x)=f(x)$ であるとき，$f(x)$ を偶関数といい $\displaystyle\int_{-a}^{a} f(x)\,dx = 2\int_{0}^{a} f(x)\,dx$

$f(-x)=-f(x)$ であるとき，$f(x)$ を奇関数といい $\displaystyle\int_{-a}^{a} f(x)\,dx = 0$

例 97 定積分 $\displaystyle\int_{-\pi}^{\pi}(\sin^2 x + \sin x \cos x)\,dx$ を求めよ。

解答 $\sin^2(-x) = \{\sin(-x)\}^2 = (-\sin x)^2 = \sin^2 x$ であるから，$\sin^2 x$ は偶関数である。

$\sin(-x)\cos(-x) = -\sin x \cos x$ であるから，$\sin x \cos x$ は奇関数である。

よって $\displaystyle\int_{-\pi}^{\pi}(\sin^2 x + \sin x \cos x)\,dx = 2\int_{0}^{\pi}\sin^2 x\,dx = 2\int_{0}^{\pi}\frac{1-\cos 2x}{2}\,dx$

$$= \left[x - \frac{1}{2}\sin 2x\right]_{0}^{\pi} = \pi$$

102a 標準 次の定積分を求めよ。

(1) $\displaystyle\int_{-3}^{3}(x^3 + 5x^2 - x)\,dx$

102b 標準 次の定積分を求めよ。

(1) $\displaystyle\int_{-\frac{\pi}{4}}^{\frac{\pi}{4}}(\sin x + 2\cos x)\,dx$

(2) $\displaystyle\int_{-1}^{1}(e^x - e^{-x})\,dx$

(2) $\displaystyle\int_{-1}^{1} x\sqrt{1-x^2}\,dx$

定積分の部分積分法

$$\int_a^b f(x)g'(x)\,dx = \Big[f(x)g(x)\Big]_a^b - \int_a^b f'(x)g(x)\,dx$$

例 98 定積分 $\displaystyle\int_0^{\frac{\pi}{3}} x\sin x\,dx$ を求めよ。

解答
$$\int_0^{\frac{\pi}{3}} x\sin x\,dx = \int_0^{\frac{\pi}{3}} x(-\cos x)'\,dx = \Big[-x\cos x\Big]_0^{\frac{\pi}{3}} - \int_0^{\frac{\pi}{3}} (x)'(-\cos x)\,dx$$
$$= -\frac{\pi}{3}\cdot\frac{1}{2} + \int_0^{\frac{\pi}{3}} \cos x\,dx = -\frac{\pi}{6} + \Big[\sin x\Big]_0^{\frac{\pi}{3}} = -\frac{\pi}{6} + \frac{\sqrt{3}}{2}$$

103a 標準 次の定積分を求めよ。

(1) $\displaystyle\int_0^{\frac{\pi}{6}} x\cos x\,dx$

(2) $\displaystyle\int_1^{e^2} \log x\,dx$

103b 標準 次の定積分を求めよ。

(1) $\displaystyle\int_0^2 xe^{-x}\,dx$

(2) $\displaystyle\int_1^e x^3 \log x\,dx$

考えてみよう 12 部分積分法を用いて，定積分 $\displaystyle\int_a^b (x-a)^2(x-b)\,dx$ を求めてみよう。ただし，a, b は定数とする。

KEY 88
定積分と微分の関係

$$\frac{d}{dx}\int_a^x f(t)\,dt = f(x) \qquad \text{ただし, } a \text{ は定数}$$

例 99 関数 $F(x)=\displaystyle\int_0^x (x+t)e^t\,dt$ を x で微分せよ。

解答 $F(x)=\displaystyle\int_0^x (x+t)e^t\,dt=\int_0^x xe^t\,dt+\int_0^x te^t\,dt=x\int_0^x e^t\,dt+\int_0^x te^t\,dt$

よって $\boldsymbol{F'(x)}=\dfrac{d}{dx}\left(x\displaystyle\int_0^x e^t\,dt\right)+\dfrac{d}{dx}\int_0^x te^t\,dt=(x)'\int_0^x e^t\,dt+x\left(\dfrac{d}{dx}\int_0^x e^t\,dt\right)+xe^x$

$=\displaystyle\int_0^x e^t\,dt+xe^x+xe^x=\int_0^x e^t\,dt+2xe^x=\Big[e^t\Big]_0^x+2xe^x=\boldsymbol{2xe^x+e^x-1}$

104a 基本 関数 $F(x)=\displaystyle\int_0^x e^t\cos t\,dt$ を x で微分せよ。

104b 基本 関数 $F(x)=\displaystyle\int_2^x (t+1)\log 2t\,dt$ を x で微分せよ。

105a 標準 関数 $F(x)=\displaystyle\int_1^x (x-t)\log t\,dt$ を x で微分せよ。

105b 標準 関数 $F(x)=\displaystyle\int_0^x t(\cos x-\cos t)\,dt$ を x で微分せよ。

4 定積分と区分求積法

KEY 89
定積分と区分求積法

区間 $[0, 1]$ で定義された関数 $y=f(x)$ について，次の式が成り立つ。
$$\lim_{n\to\infty}\frac{1}{n}\sum_{k=1}^{n}f\left(\frac{k}{n}\right)=\int_0^1 f(x)\,dx$$

例 100 $\displaystyle\lim_{n\to\infty}\left(\frac{1}{2n+1}+\frac{1}{2n+2}+\frac{1}{2n+3}+\cdots\cdots+\frac{1}{2n+n}\right)$ を求めよ。

解答

$$\frac{1}{2n+1}+\frac{1}{2n+2}+\frac{1}{2n+3}+\cdots\cdots+\frac{1}{2n+n}$$
$$=\frac{1}{n\left(2+\frac{1}{n}\right)}+\frac{1}{n\left(2+\frac{2}{n}\right)}+\frac{1}{n\left(2+\frac{3}{n}\right)}+\cdots\cdots+\frac{1}{n\left(2+\frac{n}{n}\right)}=\frac{1}{n}\sum_{k=1}^{n}\frac{1}{2+\frac{k}{n}}$$

ここで，$f(x)=\dfrac{1}{2+x}$ とおくと $\dfrac{1}{n}\displaystyle\sum_{k=1}^{n}\frac{1}{2+\frac{k}{n}}=\frac{1}{n}\sum_{k=1}^{n}f\left(\frac{k}{n}\right)$

したがって，求める極限値は $\displaystyle\lim_{n\to\infty}\frac{1}{n}\sum_{k=1}^{n}\frac{1}{2+\frac{k}{n}}=\int_0^1\frac{1}{2+x}\,dx=\Big[\log|2+x|\Big]_0^1=\log\frac{3}{2}$

106a 標準 $\displaystyle\lim_{n\to\infty}\frac{1}{n}\left(\cos\frac{\pi}{2n}+\cos\frac{2\pi}{2n}+\cos\frac{3\pi}{2n}+\cdots\cdots+\cos\frac{n\pi}{2n}\right)$ を求めよ。

106b 標準 $\displaystyle\lim_{n\to\infty}\frac{1}{n^3}\{(n+1)^2+(n+2)^2+(n+3)^2+\cdots\cdots+(n+n)^2\}$ を求めよ。

5 定積分と不等式

KEY 90
関数の大小関係の利用

区間 $[a,\ b]$ で $f(x) \geqq g(x)$ であるとき $\displaystyle\int_a^b f(x)\,dx \geqq \int_a^b g(x)\,dx$

等号が成り立つのは，つねに $f(x) = g(x)$ のときである。

例 101 $0 \leqq x \leqq 1$ のとき，$\dfrac{1}{1+\sqrt{x}} \leqq \dfrac{1}{1+x}$ であることを示し，不等式 $\displaystyle\int_0^1 \dfrac{dx}{1+\sqrt{x}} < \log 2$ を証明せよ。

証明 $0 \leqq x \leqq 1$ のとき，$1+\sqrt{x}-(1+x) = \sqrt{x}(1-\sqrt{x}) \geqq 0$ であるから $1+\sqrt{x} \geqq 1+x$

両辺はともに正であるから，両辺の逆数をとると $\dfrac{1}{1+\sqrt{x}} \leqq \dfrac{1}{1+x}$

この式で等号が成り立つのは $x=0$，1 のときだけであるから $\displaystyle\int_0^1 \dfrac{dx}{1+\sqrt{x}} < \int_0^1 \dfrac{dx}{1+x}$

ここで，$\displaystyle\int_0^1 \dfrac{dx}{1+x} = \Big[\log|1+x|\Big]_0^1 = \log 2$ であるから $\displaystyle\int_0^1 \dfrac{dx}{1+\sqrt{x}} < \log 2$

107a 標準 $0 \leqq x \leqq \dfrac{\pi}{3}$ のとき，$1 \leqq \dfrac{1}{\cos x} \leqq 2$ であることを示し，不等式 $\dfrac{\pi}{3} < \displaystyle\int_0^{\frac{\pi}{3}} \dfrac{dx}{\cos x} < \dfrac{2}{3}\pi$ を証明せよ。

107b 標準 $0 \leqq x \leqq 1$ のとき，$\dfrac{1}{1+x} \leqq \dfrac{1}{1+x^2} \leqq 1$ であることを示し，不等式 $\log 2 < \displaystyle\int_0^1 \dfrac{dx}{1+x^2} < 1$ を証明せよ。

KEY 91

面積の大小関係の利用

グラフを利用して，長方形の面積の和と定積分の大小から不等式を導く。

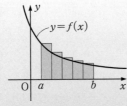

$($長方形の面積の和$)>\int_a^b f(x)\,dx$

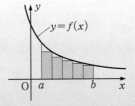

$($長方形の面積の和$)<\int_a^b f(x)\,dx$

例 102 n が自然数のとき，不等式 $\dfrac{2}{3}n\sqrt{n}<\sqrt{1}+\sqrt{2}+\sqrt{3}+\cdots\cdots+\sqrt{n}$ を証明せよ。

証明 自然数 k に対して，$k-1\leqq x\leqq k$ ならば，$\sqrt{x}\leqq\sqrt{k}$ であり，

等号が成り立つのは $x=k$ のときだけである。

よって $\displaystyle\int_{k-1}^k \sqrt{x}\,dx<\int_{k-1}^k \sqrt{k}\,dx=\sqrt{k}$

$k=1,\ 2,\ \cdots\cdots,\ n$ とおいて和をとれば $\displaystyle\sum_{k=1}^n\int_{k-1}^k \sqrt{x}\,dx<\sum_{k=1}^n\sqrt{k}$

左辺は $\displaystyle\sum_{k=1}^n\int_{k-1}^k \sqrt{x}\,dx=\int_0^n \sqrt{x}\,dx=\left[\dfrac{2}{3}x\sqrt{x}\right]_0^n=\dfrac{2}{3}n\sqrt{n}$

したがって $\dfrac{2}{3}n\sqrt{n}<\sqrt{1}+\sqrt{2}+\sqrt{3}+\cdots\cdots+\sqrt{n}$

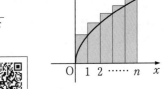

108a 標準 n が自然数のとき，不等式 $2\sqrt{n+1}-2<1+\dfrac{1}{\sqrt{2}}+\dfrac{1}{\sqrt{3}}+\cdots\cdots+\dfrac{1}{\sqrt{n}}$ を証明せよ。

108b 標準 n が 2 以上の自然数のとき，不等式 $\dfrac{1}{\sqrt{2}}+\dfrac{1}{\sqrt{3}}+\cdots\cdots+\dfrac{1}{\sqrt{n}}<2(\sqrt{n}-1)$ を証明せよ。

例題 14 定積分を含む関数

次の等式を満たす関数 $f(x)$ を求めよ。

$$f(x)=x+\int_1^{e^2}\frac{f(t)}{t}\,dt$$

【ガイド】 $\int_1^{e^2}\frac{f(t)}{t}\,dt$ は定数であるから，その値を k とおくと，$f(x)=x+k$ となる。

これを $k=\int_1^{e^2}\frac{f(t)}{t}\,dt$ に代入して，k の値を求める。

解答 $\int_1^{e^2}\frac{f(t)}{t}\,dt$ は定数であるから，これを k とおくと $f(x)=x+k$

このとき $\int_1^{e^2}\frac{f(t)}{t}\,dt=\int_1^{e^2}\frac{t+k}{t}\,dt=\int_1^{e^2}\left(1+\frac{k}{t}\right)dt=\Big[t+k\log|t|\Big]_1^{e^2}=e^2+2k-1$

よって $k=e^2+2k-1$ これを解いて $k=-e^2+1$

したがって $\boldsymbol{f(x)=x-e^2+1}$

練習 次の等式を満たす関数 $f(x)$ を求めよ。

14

(1) $f(x)=2x+\int_0^1 f(t)\sqrt{t}\,dt$

(2) $f(x)=\cos x+2\int_0^{\frac{\pi}{2}}f(t)\sin t\,dt$

1 面積

KEY 92
面積

$f(x) \geqq 0$ のとき $\quad S = \displaystyle\int_a^b f(x)\,dx$ $\qquad$ $f(x) \leqq 0$ のとき $\quad S = -\displaystyle\int_a^b f(x)\,dx$

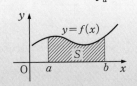 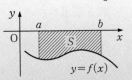

例 103 曲線 $y = \sin x \left(0 \leqq x \leqq \dfrac{\pi}{3} \right)$ と x 軸, および直線 $x = \dfrac{\pi}{3}$ で囲まれた図形の面積 S を求めよ。

解答 区間 $0 \leqq x \leqq \dfrac{\pi}{3}$ でつねに $\quad \sin x \geqq 0$

よって $\quad S = \displaystyle\int_0^{\frac{\pi}{3}} \sin x\,dx = \Big[-\cos x \Big]_0^{\frac{\pi}{3}}$

$\qquad\qquad = -\dfrac{1}{2} - (-1) = \dfrac{1}{2}$

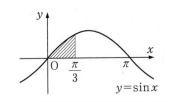

109a 基本 次の曲線や直線で囲まれた図形の面積 S を求めよ。

(1) $y = 2\sqrt{x}$, x 軸, $x = 2$

109b 基本 次の曲線や直線で囲まれた図形の面積 S を求めよ。

(1) $y = e^x$, x 軸, $x = -1$, $x = 1$

(2) $y = \cos x$, $x = \dfrac{\pi}{6}$, x 軸, y 軸

(2) $y = -\dfrac{2}{x} + 1$, x 軸, $x = -2$, $x = -1$

$y=f(x)$ のグラフと x 軸の上下が入れかわっているときは，積分区間を分割して考える。

グラフと x 軸の上下が入れかわる場合

例 104 $y=\cos x \left(0 \leqq x \leqq \dfrac{3}{4}\pi\right)$ と x 軸，および 2 直線 $x=0$，$x=\dfrac{3}{4}\pi$ で囲まれた 2 つの部分の面積の和 S を求めよ。

解答 区間 $0 \leqq x \leqq \dfrac{\pi}{2}$ でつねに $\cos x \geqq 0$，区間 $\dfrac{\pi}{2} \leqq x \leqq \dfrac{3}{4}\pi$ でつねに $\cos x \leqq 0$

よって $S = \displaystyle\int_0^{\frac{\pi}{2}} \cos x\, dx + \left(-\int_{\frac{\pi}{2}}^{\frac{3}{4}\pi} \cos x\, dx\right)$

$= \Big[\sin x\Big]_0^{\frac{\pi}{2}} - \Big[\sin x\Big]_{\frac{\pi}{2}}^{\frac{3}{4}\pi} = 1 - \left(\dfrac{\sqrt{2}}{2} - 1\right)$

$= 2 - \dfrac{\sqrt{2}}{2}$

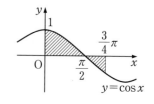

110a 基本 次の曲線や直線で囲まれた 2 つの部分の面積の和 S を求めよ。

(1) $y = \sin x \left(0 \leqq x \leqq \dfrac{3}{2}\pi\right)$，$x$ 軸，$x=0$，$x=\dfrac{3}{2}\pi$

(2) $y = \sqrt{x} - 1$，x 軸，y 軸，$x=3$

110b

基本 次の曲線や直線で囲まれた 2 つの部分の面積の和 S を求めよ。

(1) $y=x^2(x-2)$, x 軸, $x=3$

(2) $y=\dfrac{2}{x}-1$, x 軸, $x=1$, $x=3$

KEY 94

2つのグラフの間の面積

区間 $[a,\ b]$ でつねに $f(x) \geqq g(x)$ のとき,
2曲線 $y=f(x)$, $y=g(x)$ と2直線
$x=a$, $x=b$ で囲まれた図形の面積 S は
$$S=\int_a^b \{f(x)-g(x)\}\,dx$$

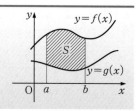

例 105 曲線 $y=\dfrac{3}{x}$ と直線 $y=-x+4$ で囲まれた図形の面積 S を求めよ。

解答 曲線と直線の共有点の x 座標は $\dfrac{3}{x}=-x+4$ より, $3=-x^2+4x$ を解いて

$$x^2-4x+3=0 \qquad (x-1)(x-3)=0$$

よって $x=1,\ 3$

区間 $1 \leqq x \leqq 3$ でつねに $-x+4 \geqq \dfrac{3}{x}$ であるから

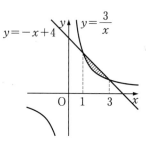

$$S=\int_1^3 \left(-x+4-\frac{3}{x}\right)dx=\left[-\frac{1}{2}x^2+4x-3\log|x|\right]_1^3$$

$$=\left(-\frac{9}{2}+12-3\log 3\right)-\left(-\frac{1}{2}+4-3\log 1\right)=\boldsymbol{4-3\log 3}$$

111a 標準 曲線 $y=\sqrt{x}$ と直線 $y=\dfrac{x}{2}$ で囲まれた図形の面積 S を求めよ。

111b 標準 区間 $0 \leqq x \leqq \pi$ において, 2曲線 $y=\sin 2x$, $y=\cos 2x$ で囲まれた図形の面積 S を求めよ。

KEY 95
楕円の面積

① $y=f(x)$ の形に変形する。
② x 軸および y 軸に関して対称であるから，楕円のうち $x \geqq 0$，$y \geqq 0$ の部分の面積を求め，それを 4 倍する。

例 106 楕円 $\dfrac{x^2}{9}+\dfrac{y^2}{3}=1$ の面積 S を求めよ。

解答
$\dfrac{x^2}{9}+\dfrac{y^2}{3}=1$ を y について解くと $\quad y=\pm\dfrac{1}{\sqrt{3}}\sqrt{9-x^2}$

であるから，この楕円の x 軸より上側の部分は

$$y=\dfrac{1}{\sqrt{3}}\sqrt{9-x^2}$$

で表される。

この楕円は x 軸，y 軸に関して対称であるから，求める面積 S は，右の図の斜線部分の面積の 4 倍である。

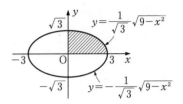

よって $\quad S=4\displaystyle\int_0^3 \dfrac{1}{\sqrt{3}}\sqrt{9-x^2}\,dx=\dfrac{4}{\sqrt{3}}\int_0^3\sqrt{9-x^2}\,dx$

ここで，$\displaystyle\int_0^3\sqrt{9-x^2}\,dx$ は半径 3 の円の面積の $\dfrac{1}{4}$ に等しいから

$$S=\dfrac{4}{\sqrt{3}}\cdot\dfrac{9\pi}{4}=3\sqrt{3}\,\pi$$

112a [標準] 楕円 $x^2+\dfrac{y^2}{4}=1$ の面積 S を求めよ。

112b [標準] 楕円 $\dfrac{x^2}{4}+\dfrac{y^2}{3}=1$ の面積 S を求めよ。

KEY 96
曲線と y 軸で
囲まれた図形の面積

x が y の関数 $x=g(y)$ である場合

区間 $c \leqq y \leqq d$ でつねに $g(y) \geqq 0$ のとき，曲線 $x=g(y)$ と y 軸，
および 2 直線 $y=c$，$y=d$ で囲まれた図形の面積 S は

$$S=\int_c^d x\,dy=\int_c^d g(y)\,dy$$

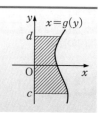

例 107 放物線 $y^2=2x$ と直線 $y=x$ で囲まれた図形の面積 S を求めよ。

解答 放物線と直線の共有点の y 座標は $y^2=2y$ より，

$y^2-2y=0$ を解いて $y=0,\ 2$

区間 $0 \leqq y \leqq 2$ でつねに $y \geqq \dfrac{1}{2}y^2$ であるから

$$S=\int_0^2\left(y-\frac{1}{2}y^2\right)dy=\left[\frac{1}{2}y^2-\frac{1}{6}y^3\right]_0^2=2-\frac{4}{3}=\frac{2}{3}$$

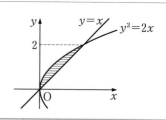

113a 基本 曲線 $y=\sqrt{x}$ と y 軸および直線 $y=2$ で囲まれた図形の面積 S を求めよ。

113b 基本 曲線 $y=\log x$ と x 軸，y 軸および直線 $y=2$ で囲まれた図形の面積 S を求めよ。

114a 標準 曲線 $x=y^2+1$ と直線 $y=x-1$ で囲まれた図形の面積 S を求めよ。

114b 標準 曲線 $x=y^2-3y$ と直線 $y=x$ で囲まれた図形の面積 S を求めよ。

KEY 97

曲線が媒介変数を用いて表される場合

曲線が $x=f(t)$, $y=g(t)$ で表されるとき，この曲線と x 軸，および 2 直線 $x=a$，$x=b$ で囲まれた図形の面積 S は，つねに $y \geqq 0$ ならば

$$S=\int_a^b y\,dx=\int_\alpha^\beta g(t)f'(t)\,dt \qquad \text{ただし，} a=f(\alpha),\ b=f(\beta)$$

例 108 媒介変数 θ を用いて

$$x=2(\theta-\sin\theta),\ y=2(1-\cos\theta)\ (0\leqq\theta\leqq 2\pi)$$

で表される曲線と x 軸で囲まれた図形の面積 S を求めよ。

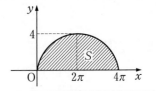

解答 求める面積 S は，$S=\displaystyle\int_0^{4\pi} y\,dx$ である。

$x=2(\theta-\sin\theta)$ より $\dfrac{dx}{d\theta}=2(1-\cos\theta)$

x と θ の対応は，右のようになる。

x	$0 \longrightarrow 4\pi$
θ	$0 \longrightarrow 2\pi$

よって $S=\displaystyle\int_0^{4\pi} y\,dx=\int_0^{2\pi} 2(1-\cos\theta)\cdot 2(1-\cos\theta)\,d\theta=4\int_0^{2\pi}(1-2\cos\theta+\cos^2\theta)\,d\theta$

$=4\displaystyle\int_0^{2\pi}\Big(1-2\cos\theta+\dfrac{1+\cos 2\theta}{2}\Big)d\theta=4\int_0^{2\pi}\Big(\dfrac{3}{2}-2\cos\theta+\dfrac{1}{2}\cos 2\theta\Big)d\theta$

$=4\Big[\dfrac{3}{2}\theta-2\sin\theta+\dfrac{1}{4}\sin 2\theta\Big]_0^{2\pi}=\mathbf{12\pi}$

115a 標準 媒介変数 t を用いて

$$x=t+1,\ y=t^2+t\ (-1\leqq t\leqq 0)$$

で表される曲線と x 軸で囲まれた図形の面積 S を求めよ。

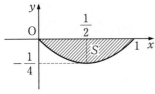

115b 標準 媒介変数 θ を用いて

$$x=3\cos\theta,\ y=\sin\theta\ (0\leqq\theta\leqq\pi)$$

で表される曲線と x 軸で囲まれた図形の面積 S を求めよ。

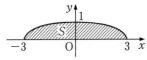

検印

2 体積

x 座標が x である点で x 軸と垂直に交わる平面が立体を切り取る切り口の面積を $S(x)$ とすると，区間 $[a, b]$ における立体の体積 V は

$$V = \int_a^b S(x)\, dx$$

例 109 半径 1 の円の直径 AB 上に点 P をとる。P を通り AB に垂直な弦 QR を 1 辺とする正方形を，AB に垂直に作る。P が A から B まで移動するとき，この正方形が通過してできる立体の体積 V を求めよ。

解答 円の中心を原点 O とし，直線 AB を x 軸とする。

点 P の座標を x とすると

$$QR = 2\sqrt{1 - x^2}$$

したがって，QR を 1 辺とする正方形の面積 $S(x)$ は

$$S(x) = QR^2 = 4(1 - x^2)$$

よって $\quad V = \int_{-1}^{1} S(x)\, dx = \int_{-1}^{1} 4(1 - x^2)\, dx \quad$ ◀$S(x)$ は偶関数

$$= 2\int_0^1 4(1 - x^2)\, dx = 8\left[x - \frac{1}{3}x^3\right]_0^1 = \frac{16}{3}$$

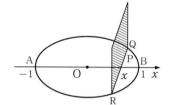

116a 標準 例109において，弦 QR を底辺とし高さが 1 である二等辺三角形を，AB に垂直に作るとき，この三角形が通過してできる立体の体積 V を求めよ。

116b 標準 xy 平面上の曲線 $y = \sin x$ $(0 \leqq x \leqq \pi)$ 上の点 P から x 軸に垂線 PQ を引き，線分 PQ を 1 辺とする正方形 PQRS を，x 軸に垂直な平面上に作る。点 Q が x 軸上を原点 O から点 $(\pi, 0)$ まで移動するとき，この正方形が通過してできる立体の体積 V を求めよ。

KEY 99
回転体の体積
（回転軸が x 軸の場合）

曲線 $y=f(x)$ と x 軸，および 2 直線 $x=a$，$x=b$ で
囲まれた図形を，x 軸のまわりに 1 回転してできる回
転体の体積 V は

$$V=\pi\int_a^b y^2\,dx=\pi\int_a^b \{f(x)\}^2\,dx$$

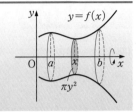

例 **110** 曲線 $y=x(x-2)$ と x 軸で囲まれた図形を，x 軸のまわりに 1 回転してできる回転体の体積 V を求めよ。

解答

$$V=\pi\int_0^2 y^2\,dx=\pi\int_0^2 \{x(x-2)\}^2\,dx$$

$$=\pi\int_0^2 (x^4-4x^3+4x^2)\,dx$$

$$=\pi\left[\frac{1}{5}x^5-x^4+\frac{4}{3}x^3\right]_0^2=\frac{16}{15}\pi$$

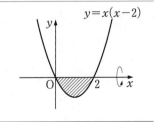

117a 基本 曲線 $y=x-x^2$ と x 軸で囲まれた図形を，x 軸のまわりに 1 回転してできる回転体の体積 V を求めよ。

117b 基本 曲線 $y=1-\sqrt{x}$ と x 軸および y 軸で囲まれた図形を，x 軸のまわりに 1 回転してできる回転体の体積 V を求めよ。

曲線 $x=g(y)$ と y 軸，および 2 直線 $y=c$，$y=d$ で囲まれた図形を，y 軸のまわりに 1 回転してできる回転体の体積 V は

$$V=\pi\int_c^d x^2\,dy=\pi\int_c^d \{g(y)\}^2\,dy$$

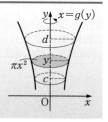

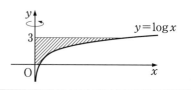

例 111 曲線 $y=\log x$ と x 軸，y 軸，および直線 $y=3$ で囲まれた図形を，y 軸のまわりに 1 回転してできる回転体の体積 V を求めよ。

解答 $y=\log x$ より $x=e^y$

よって $V=\pi\displaystyle\int_0^3 (e^y)^2\,dy=\pi\int_0^3 e^{2y}\,dy$

$=\pi\left[\dfrac{1}{2}e^{2y}\right]_0^3=\dfrac{\pi}{2}(e^6-1)$

118a 基本 曲線 $y=x^2-2$ と直線 $y=3$ で囲まれた図形を，y 軸のまわりに 1 回転してできる回転体の体積 V を求めよ。

118b 基本 曲線 $y=\sqrt{5-x}$ と x 軸，y 軸で囲まれた図形を，y 軸のまわりに 1 回転してできる回転体の体積 V を求めよ。

検
印

120

3 曲線の長さ

曲線 $x=f(t)$, $y=g(t)$ $(\alpha \leqq t \leqq \beta)$ の長さを L とすると

$$L=\int_\alpha^\beta \sqrt{\left(\frac{dx}{dt}\right)^2+\left(\frac{dy}{dt}\right)^2}\,dt=\int_\alpha^\beta \sqrt{\{f'(t)\}^2+\{g'(t)\}^2}\,dt$$

例112 曲線 $x=2(\cos\theta+\theta\sin\theta)$, $y=2(\sin\theta-\theta\cos\theta)$ $(0\leqq\theta\leqq\pi)$ の長さ L を求めよ。

解答 $\dfrac{dx}{d\theta}=2(-\sin\theta+\sin\theta+\theta\cos\theta)=2\theta\cos\theta$, $\dfrac{dy}{d\theta}=2(\cos\theta-\cos\theta+\theta\sin\theta)=2\theta\sin\theta$

であるから $\sqrt{\left(\dfrac{dx}{d\theta}\right)^2+\left(\dfrac{dy}{d\theta}\right)^2}=\sqrt{4\theta^2\cos^2\theta+4\theta^2\sin^2\theta}=2\sqrt{\theta^2}$

$\theta\geqq 0$ であるから $\sqrt{\left(\dfrac{dx}{d\theta}\right)^2+\left(\dfrac{dy}{d\theta}\right)^2}=2\theta$

よって $L=\displaystyle\int_0^\pi 2\theta\,d\theta=\left[\theta^2\right]_0^\pi=\boldsymbol{\pi^2}$

119a 標準 曲線 $x=2\sin^2\theta$, $y=\sin 2\theta$ $(0\leqq\theta\leqq\pi)$ の長さ L を求めよ。

119b 標準 曲線 $x=3t^2$, $y=3t-t^3$ $(0\leqq t\leqq 2)$ の長さ L を求めよ。

曲線 $y=f(x)$ $(a \leqq x \leqq b)$ の長さを L とすると
$$L=\int_a^b \sqrt{1+\left(\frac{dy}{dx}\right)^2}\, dx = \int_a^b \sqrt{1+\{f'(x)\}^2}\, dx$$

例 113 曲線 $y=\sqrt{1-x^2}$ $(0 \leqq x \leqq 1)$ の長さ L を求めよ。

解答 $\dfrac{dy}{dx}=-\dfrac{x}{\sqrt{1-x^2}}$ であるから $L=\displaystyle\int_0^1 \sqrt{1+\left(-\dfrac{x}{\sqrt{1-x^2}}\right)^2}\, dx = \int_0^1 \dfrac{dx}{\sqrt{1-x^2}}$

ここで，$x=\sin\theta$ とおくと $\dfrac{dx}{d\theta}=\cos\theta$

x と θ の対応は，右のようになる。

$0 \leqq \theta \leqq \dfrac{\pi}{2}$ のとき，$\cos\theta \geqq 0$ であるから

x	$0 \longrightarrow 1$
θ	$0 \longrightarrow \dfrac{\pi}{2}$

$$\sqrt{1-x^2}=\sqrt{1-\sin^2\theta}=\sqrt{\cos^2\theta}=\cos\theta$$

よって $L=\displaystyle\int_0^{\frac{\pi}{2}} \dfrac{1}{\cos\theta}\cdot\cos\theta\, d\theta = \int_0^{\frac{\pi}{2}} d\theta = \Big[\theta\Big]_0^{\frac{\pi}{2}} = \dfrac{\pi}{2}$

120a 標準 曲線 $y=\log(1-x^2)$ $\left(0 \leqq x \leqq \dfrac{1}{2}\right)$ の長さ L を求めよ。

120b 標準 曲線 $y=\dfrac{x^2}{4}-\dfrac{1}{2}\log x$ $(1 \leqq x \leqq 3)$ の長さ L を求めよ。

座標平面上を運動する点 P の座標 $(x,\ y)$ が，時刻 t の関数として

$$x=f(t),\qquad y=g(t)$$

で表されているとき，時刻 $t=t_1$ から $t=t_2$ までに点 P が動いた道のり s は

$$s=\int_{t_1}^{t_2}\sqrt{\left(\frac{dx}{dt}\right)^2+\left(\frac{dy}{dt}\right)^2}\,dt=\int_{t_1}^{t_2}\sqrt{\{f'(t)\}^2+\{g'(t)\}^2}\,dt$$

例 114 座標平面上を運動する点 P の時刻 t における座標 $(x,\ y)$ が

$$x=2t^3,\qquad y=3t^2$$

で表されるとき，$t=0$ から $t=\sqrt{2}$ までに点 P が動いた道のり s を求めよ。

解答 $\displaystyle s=\int_0^{\sqrt{2}}\sqrt{\left(\frac{dx}{dt}\right)^2+\left(\frac{dy}{dt}\right)^2}\,dt=\int_0^{\sqrt{2}}\sqrt{(6t^2)^2+(6t)^2}\,dt=\int_0^{\sqrt{2}}6t\sqrt{t^2+1}\,dt$

ここで，$t^2+1=u$ とおくと，t と u の対応は，右のようになる。

t	$0 \longrightarrow \sqrt{2}$
u	$1 \longrightarrow 3$

よって $\displaystyle s=\int_0^{\sqrt{2}}3\sqrt{t^2+1}\,(t^2+1)'\,dt=\int_1^3 3\sqrt{u}\,du$

$\displaystyle =\Big[2u\sqrt{u}\,\Big]_1^3=6\sqrt{3}-2$

121a 標準 座標平面上を運動する点 P の時刻 t における座標 $(x,\ y)$ が

$$x=3t^2-6t,\quad y=8t\sqrt{t}$$

で表されるとき，$t=0$ から $t=1$ までに点 P が動いた道のり s を求めよ。

121b 標準 座標平面上を運動する点 P の時刻 t における座標 $(x,\ y)$ が

$$x=e^{-t}\cos\pi t,\quad y=e^{-t}\sin\pi t$$

で表されるとき，$t=0$ から $t=2$ までに点 P が動いた道のり s を求めよ。

例題 15　2曲線間の回転体の体積

曲線 $y=-x^2+3x$ と直線 $y=x$ で囲まれた図形を，x 軸のまわりに 1 回転してできる回転体の体積 V を求めよ。

【ガイド】 求める体積 V は，右の図の上の部分を x 軸のまわりに 1 回転してできる回転体の体積 V_1 から，下の部分を x 軸のまわりに 1 回転してできる回転体の体積 V_2 を引くことで得られる。
すなわち　　　$V=V_1-V_2$

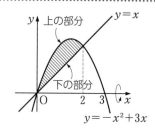

一般に，次のことが成り立つ。
区間 $a\leqq x\leqq b$ でつねに $f(x)\geqq g(x)\geqq 0$ のとき，2 曲線 $y=f(x)$，$y=g(x)$ および 2 直線 $x=a$，$x=b$ で囲まれた図形を，x 軸のまわりに 1 回転してできる回転体の体積 V は

$$V=\pi\int_a^b\{f(x)\}^2\,dx-\pi\int_a^b\{g(x)\}^2\,dx=\pi\int_a^b[\{f(x)\}^2-\{g(x)\}^2]\,dx$$

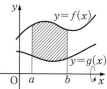

解　答　曲線と直線の共有点の x 座標は $-x^2+3x=x$ より，$x^2-2x=0$ を解いて　$x=0,\ 2$
よって

$$V=\pi\int_0^2\{(-x^2+3x)^2-x^2\}\,dx=\pi\int_0^2(x^4-6x^3+8x^2)\,dx=\pi\left[\frac{1}{5}x^5-\frac{3}{2}x^4+\frac{8}{3}x^3\right]_0^2=\frac{56}{15}\pi$$

練習 15　曲線 $y=\dfrac{1}{2}x^2$ と直線 $y=x$ で囲まれた図形を，x 軸のまわりに 1 回転してできる回転体の体積 V を求めよ。

解 答

1章 関数と極限

1 節‖関数

1a (1)

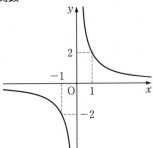

(2)

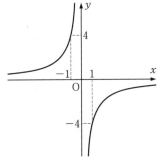

1b (1)

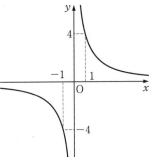

(2)

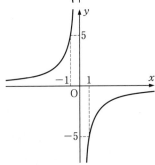

2a (1) 2直線 $x=1$, $y=0$

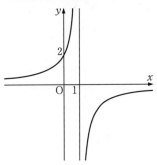

(2) 2直線 $x=-2$, $y=-1$

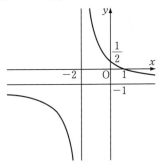

2b (1) 2直線 $x=0$, $y=-3$

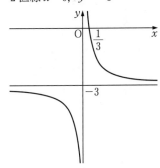

(2) 2直線 $x=-3$, $y=1$

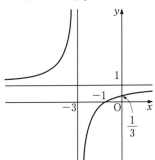

$$y = -\frac{1}{x-1} + 2$$

3a (1)　2直線 $x=1$, $y=1$

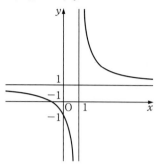

(2)　2直線 $x=-3$, $y=2$

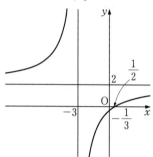

3b (1)　2直線 $x=2$, $y=-3$

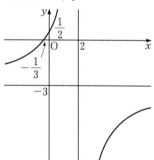

(2)　2直線 $x=2$, $y=3$

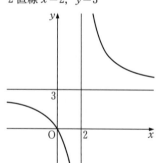

4a (1)　$(1, \ 2)$ 　　　(2)　$0 < x < 1$
4b (1)　$(-5, \ 1)$ 　　(2)　$x < -5, \ -2 < x$
5a 　$x \leqq 1, \ 2 < x \leqq 5$
5b 　$x \leqq -2, \ -1 < x \leqq -\dfrac{2}{3}$

6a (1)

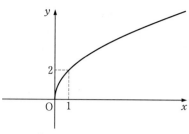

(2)

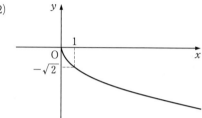

6b (1)

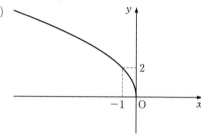

(2)

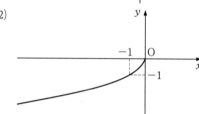

7a (1)

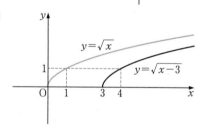

定義域は $x \geqq 3$, 値域は $y \geqq 0$

(2)

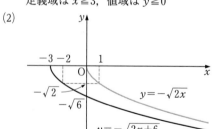

定義域は $x \geqq -3$, 値域は $y \leqq 0$

7b (1)

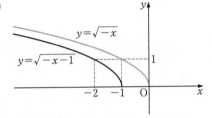

定義域は $x \leqq -1$, 値域は $y \geqq 0$

(2)

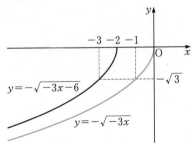

定義域は $x \leqq -2$, 値域は $y \leqq 0$

8a (1) $(2,\ 1)$　　　　(2) $1 \leqq x < 2$

8b (1) $(-1,\ -2)$　　(2) $x \leqq -1$

9a $y = -2x + 8$

9b $y = -\dfrac{1}{4}x - \dfrac{3}{2}$

10a $y = \dfrac{1}{3}x + \dfrac{1}{3}\ (2 \leqq x \leqq 11)$

10b $y = 3x - 6\ \left(1 \leqq x \leqq \dfrac{5}{3}\right)$

11a $y = \dfrac{-2x+1}{x-3}$

11b $y = \dfrac{3x-1}{x+2}$

12a (1) $y = \log_{\frac{1}{3}} x$　　(2) $y = 2^x - 1$

12b (1) $y = 3 - \log_2 x$　　(2) $y = \left(\dfrac{1}{2}\right)^{x+1}$

13a (1) $(g \circ f)(x) = 2(x+1)^2$
　　　　$(f \circ g)(x) = 2x^2 + 1$
　　(2) $(g \circ f)(x) = 2^{x-1}$
　　　　$(f \circ g)(x) = 2^x - 1$

13b (1) $(g \circ f)(x) = \sin 2x$
　　　　$(f \circ g)(x) = 2\sin x$
　　(2) $(g \circ f)(x) = \sqrt{2x^2 + 1}$
　　　　$(f \circ g)(x) = 2(x+1)$

考えてみよう 2

$a = \dfrac{1}{2},\ b = -\dfrac{3}{2}$

$y = 2x + 3$ の逆関数を求めると，$y = \dfrac{1}{2}x - \dfrac{3}{2}$ となり，

$g(x)$ と一致する。

練習1 (1) $x < -3,\ 3 < x$
　　　(2) $x < -1,\ 0 \leqq x \leqq 2$

練習2 $a = \dfrac{3}{2}$

練習3 (1) $y = \sqrt{2x+6}$
　　　(2) $y = x^2 + 2\ (x \geqq 0)$

2 節 数列の極限

14a (1) 0　　　　(2) ∞　　　　(3) 振動する

14b (1) $-\infty$　　(2) 0　　　　(3) 振動する

15a (1) 5　　　　　　　(2) $\dfrac{7}{2}$

15b (1) 12　　　　　　(2) $\dfrac{3}{5}$

16a (1) 2　　　　　　　(2) 0
　　(3) $\dfrac{3}{5}$　　　　　(4) ∞

16b (1) -3　　　　　　(2) 0
　　(3) $\dfrac{2}{3}$　　　　　(4) ∞

考えてみよう 3

2

17a (1) ∞　　　　(2) $-\infty$

17b (1) $-\infty$　　(2) ∞

18a (1) 0　　　　(2) $-\dfrac{1}{2}$

18b (1) 0　　　　(2) -1

19a 0

19b 0

20a (1) 極限はない。　(2) ∞
　　(3) 0

20b (1) 0　　　　(2) 極限はない。
　　(3) ∞

21a (1) 1　　(2) 0　　(3) ∞

21b (1) $-\infty$　(2) 4　　(3) ∞

22a $-2 < x \leqq 0$

22b $-2 < x \leqq 2$

23a $\dfrac{1}{6}$

23b $\dfrac{1}{3}$

24a (1) 収束し，その和は 24
　　(2) 発散する。

24b (1) 収束し，その和は $2 - \sqrt{2}$
　　(2) 発散する。

考えてみよう 4

$1 < x < 3$

25a $\dfrac{3}{4}$

25b $\dfrac{9}{8}\pi r^2$

26a (1) $\dfrac{5}{11}$　　　　(2) $\dfrac{211}{90}$

26b (1) $\dfrac{125}{999}$　　　(2) $\dfrac{57}{110}$

27a (1) $\dfrac{4}{3}$ (2) $-\dfrac{1}{12}$

27b (1) $-\dfrac{3}{2}$ (2) $\dfrac{5}{4}$

練習4 (1) 0 (2) $\dfrac{1}{2}$ (3) $\dfrac{2}{3}$

練習5 発散する。

練習6 (1) 4 (2) -3

3節‖ 関数の極限

28a (1) 0 (2) 4

28b (1) -2 (2) 2

29a (1) $\dfrac{1}{4}$ (2) $\dfrac{1}{3}$

29b (1) 12 (2) $\dfrac{3}{4}$

30a (1) $\dfrac{1}{2}$ (2) 4

30b (1) 1 (2) 4

31a $a=1$, $b=-2$

31b $a=8$, $b=-8$

32a 極限はない。

32b 0

33a (1) 1 (2) ∞ (3) $-\infty$

33b (1) 0 (2) $-\infty$ (3) ∞

34a (1) 1 (2) $-\infty$

34b (1) 0 (2) $-\infty$

35a 0

35b -1

36a (1) ∞ (2) 0
(3) $-\infty$ (4) ∞

36b (1) 0 (2) 0
(3) ∞ (4) ∞

考えてみよう 5
-1

37a (1) -1 (2) 1

37b (1) $-\infty$ (2) $-\infty$

38a 0

38b 0

39a (1) 4 (2) $\dfrac{4}{3}$

39b (1) $\dfrac{5}{3}$ (2) $\dfrac{3}{5}$

40a (1) $\dfrac{1}{2}$ (2) $\dfrac{2}{3}$

40b (1) $\dfrac{9}{2}$ (2) $\dfrac{3}{2}$

考えてみよう 6
1

41a (1) 連続である。 (2) 連続でない。

41b (1) 連続でない。 (2) 連続でない。

考えてみよう 7
$a=1$

42a (1) $f(x)=x^3-3x+1$ とおくと，$f(x)$ は区間 $[0,\ 1]$ で連続であり
$$f(0)=1>0,\ f(1)=-1<0$$
よって，方程式 $x^3-3x+1=0$ は，$0<x<1$ の範囲に少なくとも1つの実数解をもつ。

(2) $f(x)=3^x-5x-2$ とおくと，$f(x)$ は区間 $[2,\ 3]$ で連続であり
$$f(2)=-3<0,\ f(3)=10>0$$
よって，方程式 $3^x-5x-2=0$ は，$2<x<3$ の範囲に少なくとも1つの実数解をもつ。

42b (1) $f(x)=x-2\sin x-3$ とおくと，$f(x)$ は区間 $[0,\ \pi]$ で連続であり
$$f(0)=-3<0,\ f(\pi)=\pi-3>0$$
よって，方程式 $x-2\sin x-3=0$ は，$0<x<\pi$ の範囲に少なくとも1つの実数解をもつ。

(2) $f(x)=\log_{10}x-\dfrac{x}{20}$ とおくと，$f(x)$ は区間 $[1,\ 10]$ で連続であり
$$f(1)=-\dfrac{1}{20}<0,\ f(10)=\dfrac{1}{2}>0$$
よって，方程式 $\log_{10}x-\dfrac{x}{20}=0$ は，$1<x<10$ の範囲に少なくとも1つの実数解をもつ。

練習7 (1) $\dfrac{1}{2}$ (2) -1

練習8 $x<-1$, $-1<x<1$, $x>1$ で連続であり，$x=\pm1$ で連続でない。

2章　微分法

1節‖ 微分係数と導関数

43a $y'=-\dfrac{1}{2x^2}$

43b $y'=\dfrac{1}{2\sqrt{x+1}}$

44a (1) $y'=12x^3+2x$
(2) $y'=-5x^4-16x^3+6x^2$

44b (1) $y'=6x^2-12x^3$
(2) $y'=20x^4+9x^2-2x+2$

45a (1) $y'=6x^2-6x+2$
(2) $y'=9x^2+10x-5$
(3) $y'=12x^3-3x^2+14x-2$

45b (1) $y'=-8x^3+9x^2+2$
(2) $y'=4x^3+12x^2-10x-2$
(3) $y'=-8x^3+3x^2+22x-4$

(1) $\{f(x)g(x)h(x)\}'=\{f(x)g(x)\}'h(x)+\{f(x)g(x)\}h'(x)$

$\qquad =\{f'(x)g(x)+f(x)g'(x)\}h(x)+f(x)g(x)h'(x)$

$\qquad =f'(x)g(x)h(x)+f(x)g'(x)h(x)+f(x)g(x)h'(x)$

(2) $y'=6x^2+2x-7$

46a (1) $y'=-\dfrac{3}{(3x-1)^2}$

(2) $y'=\dfrac{2}{(x+1)^2}$

(3) $y'=\dfrac{-x^2+4x+3}{(x^2+3)^2}$

46b (1) $y'=\dfrac{3}{(2x+1)^2}$

(2) $y'=\dfrac{x^2-2x}{(x-1)^2}$

(3) $y'=\dfrac{-4x^2-4}{(x^2-1)^2}$

47a (1) $y'=-\dfrac{8}{x^5}$

(2) $y'=-2x-\dfrac{1}{x^2}$

(3) $y'=-\dfrac{2}{x^4}+\dfrac{5}{x^6}$

47b (1) $y'=\dfrac{2}{3x^3}$

(2) $y'=2+\dfrac{20}{x^5}$

(3) $y'=\dfrac{1}{x^2}+\dfrac{9}{2x^4}$

48a (1) $y'=12x(2x^2+1)^2$

(2) $y'=6(x-1)(x^2-2x+3)^2$

(3) $y'=-\dfrac{6}{(2x+3)^4}$

48b (1) $y'=-5(3-x)^4$

(2) $y'=4x(-3x+1)(-2x^3+x^2-4)$

(3) $y'=-\dfrac{24x^2}{(2x^3-1)^5}$

49a (1) $y'=\dfrac{1}{3\sqrt[3]{x^2}}$

(2) $y'=-\dfrac{2}{5x\sqrt[5]{x^2}}$

(3) $y'=-\dfrac{x}{\sqrt{-x^2+4}}$

49b (1) $y'=\dfrac{5}{4}\sqrt[4]{x}$

(2) $y'=\dfrac{5}{4\sqrt[4]{(5x+1)^3}}$

(3) $y'=-\dfrac{3x^2}{(2x^3-1)\sqrt{2x^3-1}}$

2 節 いろいろな関数の導関数

50a (1) $y'=-4\sin(4x-3)$

(2) $y'=\dfrac{3}{\cos^2 3x}$

(3) $y'=12\sin^2 4x\cos 4x$

(4) $y'=2x\sin 2x+2x^2\cos 2x$

50b (1) $y'=-2\cos(1-2x)$

(2) $y'=\dfrac{2}{\cos^2(2x+3)}$

(3) $y'=\dfrac{2\sin 2x}{\cos^2 2x}$

(4) $y'=3\cos 3x\cos 2x-2\sin 3x\sin 2x$

51a (1) $y'=\dfrac{1}{x-3}$ (2) $y'=\dfrac{1}{x\log 2}$

(3) $y'=\dfrac{4(\log x)^3}{x}$ (4) $y'=x(1+2\log x)$

51b (1) $y'=\dfrac{2x+1}{x^2+x}$ (2) $y'=\dfrac{2}{(2x-1)\log 3}$

(3) $y'=\dfrac{3}{x}$ (4) $y'=\dfrac{1-2\log x}{x^3}$

52a (1) $y'=\dfrac{1}{x-2}$ (2) $y'=\dfrac{1}{x\log 2}$

(3) $y'=\dfrac{\cos x}{\sin x}$

52b (1) $y'=-\dfrac{3}{4-3x}$ (2) $y'=\dfrac{4x+1}{2x^2+x}$

(3) $y'=\dfrac{2x}{(x^2-1)\log 3}$

53a $y'=\dfrac{-x^2-2x-5}{(x-1)^2(x+3)^2}$

53b $y'=\dfrac{x(5x+4)}{(3x+2)\sqrt[3]{3x+2}}$

54a (1) $y'=2e^{2x+1}$ (2) $y'=6^x\log 6$

(3) $y'=x(2-x)e^{-x}$

54b (1) $y'=6xe^{3x^2}$ (2) $y'=-2\cdot 3^{1-2x}\log 3$

(3) $y'=(\cos x-\sin x)e^{-x}$

55a (1) $y'''=24x-6$ (2) $y'''=(3+x)e^x$

55b (1) $y'''=-\dfrac{1}{x^2}$

(2) $y'''=2e^x(\cos x-\sin x)$

56a $y^{(n)}=(-1)^n e^{-x}$

56b $y^{(n)}=3^x(\log 3)^n$

57a (1) $\dfrac{dy}{dx}=\dfrac{3}{y}$ (2) $\dfrac{dy}{dx}=-\dfrac{x-1}{y}$

57b (1) $\dfrac{dy}{dx}=-\dfrac{9x}{y}$ (2) $\dfrac{dy}{dx}=-\dfrac{y}{x}$

58a (1) $\dfrac{dy}{dx}=t$ (2) $\dfrac{dy}{dx}=-\dfrac{2\cos t}{\sin t}$

58b (1) $\dfrac{dy}{dx}=-6t$ (2) $\dfrac{dy}{dx}=\dfrac{2t^2-2}{t\sqrt{t}}$

考えてみよう 9

① 例55の結果より

$$\dfrac{dy}{dx}=-2t$$

$x=t-1$ であるから $t=x+1$

よって $\dfrac{dy}{dx}=-2(x+1)=-2x-2$

② $x=t-1$, $y=3-t^2$ から t を消去すると
$$y=3-(x+1)^2$$
$$=-x^2-2x+2$$

これより $\dfrac{dy}{dx}=-2x-2$

①，②ともに $\dfrac{dy}{dx}=-2x-2$ となり一致する。

練習9 (1) e^4 　　　　　 (2) $\dfrac{1}{e^2}$

3章　微分法の応用

1節｜関数値の変化

59a (1) $y=-x+4$

(2) $y=-\dfrac{\sqrt{3}}{2}x+\dfrac{\sqrt{3}}{6}\pi+\dfrac{1}{2}$

59b (1) $y=\dfrac{1}{e}x$ 　　　(2) $y=1$

60a (1) $y=2x+3$ 　　　(2) $y=-\dfrac{27}{4}x+\dfrac{27}{4}$

60b (1) $y=3x-e^2$ 　　　(2) $y=x-1$

61a (1) $y=\dfrac{4}{3}x+\dfrac{25}{3}$

(2) $y=-\dfrac{3\sqrt{2}}{8}x+\dfrac{9\sqrt{2}}{4}$

61b (1) $y=-\dfrac{2\sqrt{3}}{3}x+\dfrac{\sqrt{3}}{3}$

(2) $y=x+2$

62a (1) $y=x+4$ 　　　(2) $y=-2x+6$

62b (1) $y=\dfrac{2\sqrt{3}}{3}x-\dfrac{2\sqrt{3}}{9}\pi+\dfrac{1}{2}$

(2) $y=-x+e$

63a 関数 $f(x)=\log x$ は，区間 $[a,\ b]$ で連続で，区間 $(a,\ b)$ で微分可能であり
$$f'(x)=\dfrac{1}{x}$$
区間 $[a,\ b]$ において，平均値の定理により
$$\dfrac{\log b-\log a}{b-a}=\dfrac{1}{c} \qquad\cdots\cdots①$$
$$a<c<b \qquad\cdots\cdots②$$
を満たす c が存在する。
ここで，$a>0$ であるから，②より
$$\dfrac{1}{b}<\dfrac{1}{c}<\dfrac{1}{a} \qquad\cdots\cdots③$$
①を③に代入して
$$\dfrac{1}{b}<\dfrac{\log b-\log a}{b-a}<\dfrac{1}{a}$$

63b 関数 $f(x)=\sin x$ は，区間 $[\alpha,\ \beta]$ で連続で，区間 $(\alpha,\ \beta)$ で微分可能であり
$$f'(x)=\cos x$$
区間 $[\alpha,\ \beta]$ において，平均値の定理により
$$\dfrac{\sin\beta-\sin\alpha}{\beta-\alpha}=\cos c \qquad\cdots\cdots①$$

$$\alpha<c<\beta \qquad\cdots\cdots②$$
を満たす c が存在する。

ここで，$0<\alpha<\beta<\dfrac{\pi}{2}$ であるから，②より
$$0<\cos c<1 \qquad\cdots\cdots③$$
①を③に代入して
$$0<\dfrac{\sin\beta-\sin\alpha}{\beta-\alpha}<1$$
すなわち　$\sin\beta-\sin\alpha<\beta-\alpha$

64a (1) $x\leqq-2$，$0\leqq x$ で増加し，$-2\leqq x\leqq0$ で減少する。

(2) つねに増加する。

64b (1) $x\leqq-1$ で増加し，$-1\leqq x$ で減少する。

(2) $0\leqq x\leqq\dfrac{\pi}{3}$，$\dfrac{5}{3}\pi\leqq x\leqq2\pi$ で減少し，$\dfrac{\pi}{3}\leqq x\leqq\dfrac{5}{3}\pi$ で増加する。

65a (1) $x=-1$，1 で極大値 -2　$x=0$ で極小値 -3

(2) $x=-3$ で極小値 $-\dfrac{1}{6}$

$x=1$ で極大値 $\dfrac{1}{2}$

65b (1) $x=1$ で極小値 -3

(2) $x=e$ で極大値 $\dfrac{1}{e}$

66a (1) $(-\sqrt{2},\ 12)$，$(\sqrt{2},\ 12)$

(2) $(2,\ e^4)$

66b (1) 変曲点はない。

(2) $(\pi,\ \pi)$

67a

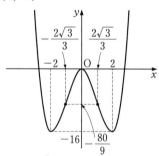

67b

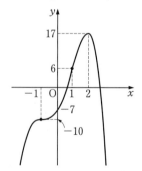

68a

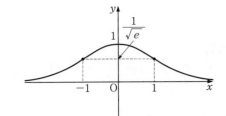

68b

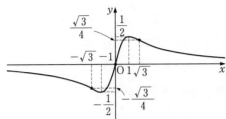

69a

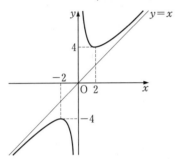

69b

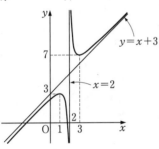

70a 直線 $x=3$, 直線 $y=x+1$
70b 直線 $x=1$, 直線 $x=-1$, 直線 $y=x$
71a (1) $x=0$ で極小値 $f(0)=-1$
   $x=2$ で極大値 $f(2)=7$

 (2) $x=\dfrac{2}{3}\pi$ で極大値 $f\left(\dfrac{2}{3}\pi\right)=\dfrac{2}{3}\pi+\sqrt{3}$

   $x=\dfrac{4}{3}\pi$ で極小値 $f\left(\dfrac{4}{3}\pi\right)=\dfrac{4}{3}\pi-\sqrt{3}$

71b (1) $x=0$ で極小値 $f(0)=0$

   $x=2$ で極大値 $f(2)=\dfrac{4}{e^2}$

 (2) $x=0$ で極小値 $f(0)=0$
   $x=-2$ で極大値 $f(-2)=-4$

練習10 $a=3$, $x=-3$ で極大値 $\dfrac{6}{e^3}$,

   $x=1$ で極小値 $-2e$

2 節‖導関数の応用
72a $x=3$ で最大値 0
   $x=2$ で最小値 $-e^2$

72b $x=\dfrac{\pi}{6}$ で最大値 $\dfrac{3\sqrt{3}}{4}$

   $x=\dfrac{5}{6}\pi$ で最小値 $-\dfrac{3\sqrt{3}}{4}$

73a 9
73b 4
74a $f(x)=\sin x-x\cos x$ とおくと
   $f'(x)=\cos x-\{\cos x+x(-\sin x)\}=x\sin x$
  $0<x<\pi$ のとき $f'(x)>0$
  よって，$f(x)$ は $0\leqq x\leqq\pi$ で増加する。
  $f(0)=0$ であるから，$0<x<\pi$ のとき
   $f(x)>0$
  したがって，$0<x<\pi$ のとき $\sin x>x\cos x$
74b $f(x)=(x-1)e^x+1$ とおくと
   $f'(x)=e^x+(x-1)e^x=xe^x$
  $f'(x)=0$ とすると
   $x=0$
  増減表は右のように
  なる。

x	$\cdots$	0	$\cdots$
$f'(x)$	$-$	0	$+$
$f(x)$	$\searrow$	極小 0	$\nearrow$

  よって，$x=0$ で最小
  値 0 をとる。
  したがって $f(x)\geqq 0$
  すなわち $(x-1)e^x+1\geqq 0$
75a $0<a<1$ のとき， 2 個
   $a=1$ のとき， 1 個
   $a\leqq 0$, $1<a$ のとき， 0 個

75b $a<0$ のとき，0 個 $a=0, a>\dfrac{4}{e^2}$ のとき，1 個

  $a=\dfrac{4}{e^2}$ のとき，2 個 $0<a<\dfrac{4}{e^2}$ のとき，3 個

76a $v=\dfrac{1}{4}$ $\alpha=-\dfrac{1}{32}$

76b $v=8e$ $\alpha=26e$
77a $|v|=2\sqrt{37}$ $|\alpha|=4$

77b $|v|=\dfrac{\sqrt{21}}{2}$ $|\alpha|=\dfrac{\sqrt{31}}{2}$

78a $\tan x\fallingdotseq x$

78b $\log_{10}(1+x)\fallingdotseq\dfrac{x}{\log 10}$

79a 0.98
79b 0.97
練習11 $a=\dfrac{1}{2e}$

   接線 ℓ の方程式は $y=\dfrac{1}{\sqrt{e}}x-\dfrac{1}{2}$

4章 積分法とその応用

1 節‖不定積分
80a (1) $-\dfrac{1}{4x^4}+C$ (2) $\dfrac{4}{3}\sqrt[4]{x^3}+C$

  (3) $\dfrac{2}{5}x^2\sqrt{x}+C$

80b (1) $-\dfrac{1}{9x^9}+C$　　(2) $\dfrac{5}{7}t\sqrt[5]{t^2}+C$

　　 (3) $3\sqrt[3]{x}+C$

81a (1) $\dfrac{2}{5}x^2\sqrt{x}+2x\sqrt{x}+C$

　　 (2) $\dfrac{3}{2}x^2-\log|x|+C$

81b (1) $\dfrac{1}{2}x^2-\dfrac{8}{3}x\sqrt{x}+4x+C$

　　 (2) $\dfrac{14}{3}x\sqrt{x}+10\sqrt{x}+C$

82a (1) $-2\cos x+C$
　　 (2) $\tan x+C$

82b (1) $4\sin x+\cos x+C$
　　 (2) $-\cos x-\tan x+x+C$

83a (1) x^2-e^x+C　　(2) $\dfrac{7^x}{\log 7}+C$

83b (1) $x+e^x+C$　　(2) $\dfrac{3^x}{\log 3}+7x+C$

84a (1) $\dfrac{1}{12}(2x+1)^6+C$

　　 (2) $\dfrac{1}{3}e^{3x-4}+C$

　　 (3) $\dfrac{1}{2}\sin\left(2x+\dfrac{\pi}{6}\right)+C$

　　 (4) $-\dfrac{2}{3}(1-x)\sqrt{1-x}+C$

84b (1) $-\dfrac{1}{3(3x-2)}+C$

　　 (2) $\dfrac{3^{2x-1}}{2\log 3}+C$

　　 (3) $\dfrac{1}{3}\cos(4-3x)+C$

　　 (4) $\dfrac{1}{4}\log|4x+5|+C$

85a (1) $\dfrac{1}{30}(x+2)^5(5x-2)+C$

　　 (2) $\dfrac{1}{5}(x-1)^4(3x+2)+C$

85b (1) $\dfrac{1}{180}(3x-1)^4(12x+1)+C$

　　 (2) $\dfrac{1}{12}(2x-3)^3(6x+1)+C$

86a (1) $\dfrac{1}{15}(3x-1)(2x+1)\sqrt{2x+1}+C$

　　 (2) $\dfrac{2}{27}(3x+2)\sqrt{3x-1}+C$

86b (1) $-\dfrac{2}{15}(3x+8)(4-x)\sqrt{4-x}+C$

　　 (2) $\dfrac{3}{10}(2x+3)\sqrt[3]{(x-1)^2}+C$

87a (1) $\dfrac{1}{4}\sin^4 x+C$

　　 (2) $\dfrac{1}{6}(x^2+1)^6+C$

　　 (3) $\dfrac{1}{3}(x^2+1)\sqrt{x^2+1}+C$

87b (1) $\dfrac{1}{15}(x^3-2)^5+C$

　　 (2) $\dfrac{1}{4}(e^x-1)^4+C$

　　 (3) $\dfrac{1}{3}(\log x)^3+C$

88a (1) $\log|x^2-3x+1|+C$

　　 (2) $\dfrac{1}{2}\log(x^2+1)+C$

　　 (3) $\log(2+\sin x)+C$

88b (1) $\dfrac{1}{2}\log|3x^2+2x|+C$

　　 (2) $\log|x+\cos x|+C$

　　 (3) $\dfrac{1}{2}\log(e^{2x}+1)+C$

考えてみよう 10

$\log|\log x|+C$

89a (1) $-(x+1)\cos x+\sin x+C$
　　 (2) $-(3x+2)e^{-x}+C$

89b (1) $2x\sin\dfrac{x}{2}+4\cos\dfrac{x}{2}+C$

　　 (2) $\dfrac{1}{4}(2x-1)e^{2x+1}+C$

90a $x\log 3x-x+C$

90b $(x^2-x)\log x-\dfrac{1}{2}x^2+x+C$

91a $(x+2)\log(x+2)-x+C$
91b $(x-1)\log(x-1)-x+C$

考えてみよう 11

$(x^2-2x+2)e^x+C$

92a (1) $\dfrac{1}{2}x^2-2x+3\log|x+2|+C$

　　 (2) $x^2+x+\dfrac{1}{2}\log|2x-1|+C$

92b (1) $\dfrac{1}{2}x^2+x-\log|x+3|+C$

　　 (2) $\dfrac{1}{3}x^3+\dfrac{1}{2}x^2+x+\log|x-1|+C$

93a $\dfrac{1}{3}\log\left|\dfrac{x-4}{x-1}\right|+C$

93b $-3\log\left|\dfrac{x-1}{x-2}\right|+C$

94a (1) $\dfrac{1}{2}x+\dfrac{1}{12}\sin 6x+C$

　　 (2) $\dfrac{1}{2}x-\dfrac{1}{8}\sin(4x-2)+C$

　　 (3) $x+\dfrac{1}{2}\cos 2x+C$

94b (1) $\dfrac{1}{2}(x-\sin x)+C$

　　 (2) $-\dfrac{1}{2}\sin 2x+C$

(3) $-\dfrac{1}{4}\sin 2x-\dfrac{1}{4}\cos 2x-\dfrac{1}{2}x+C$

95a (1) $-\dfrac{1}{14}\cos 7x-\dfrac{1}{6}\cos 3x+C$

(2) $\dfrac{1}{10}\sin 5x+\dfrac{1}{6}\sin 3x+C$

95b (1) $-\dfrac{1}{10}\cos 5x-\dfrac{1}{2}\cos x+C$

(2) $-\dfrac{1}{10}\sin 5x+\dfrac{1}{2}\sin x+C$

練習12 (1) $\sin x-\dfrac{1}{3}\sin^3 x+C$

(2) $\dfrac{1}{2}\log\dfrac{1+\sin x}{1-\sin x}+C$

練習13 $\dfrac{1}{2}e^x(\sin x+\cos x)+C$

2 節‖ 定積分

96a (1) $\dfrac{2}{3}$ (2) $\dfrac{1}{2}e^2-\dfrac{1}{2}$

(3) 1

96b (1) $\log 2$ (2) $\dfrac{14}{3}$

(3) $\dfrac{1}{2}$

97a (1) $\dfrac{82}{3}$ (2) $\dfrac{\pi}{4}$

97b (1) $2e^2-4e+3$ (2) 0

98a 4

98b $e+\dfrac{1}{e^2}-1$

99a (1) $-\dfrac{28}{5}$ (2) $\dfrac{16\sqrt{2}}{15}$

99b (1) $-\dfrac{1}{4}$ (2) $\dfrac{2\sqrt{2}}{3}-\dfrac{4}{3}$

100a $\dfrac{\pi}{12}+\dfrac{\sqrt{3}}{8}$

100b $\dfrac{\pi}{3}$

101a $\dfrac{\pi}{6}$

101b $\dfrac{\sqrt{2}}{8}\pi$

102a (1) 90 (2) 0

102b (1) $2\sqrt{2}$ (2) 0

103a (1) $\dfrac{\pi}{12}+\dfrac{\sqrt{3}}{2}-1$ (2) e^2+1

103b (1) $-\dfrac{3}{e^2}+1$ (2) $\dfrac{3}{16}e^4+\dfrac{1}{16}$

考えてみよう 12

$-\dfrac{1}{12}(b-a)^4$

104a $F'(x)=e^x\cos x$

104b $F'(x)=(x+1)\log 2x$

105a $F'(x)=x\log x-x+1$

105b $F'(x)=-\dfrac{1}{2}x^2\sin x$

106a $\dfrac{2}{\pi}$

106b $\dfrac{7}{3}$

107a $0\leqq x\leqq\dfrac{\pi}{3}$ のとき, $\dfrac{1}{2}\leqq\cos x\leqq 1$ であるから

$$1\leqq\dfrac{1}{\cos x}\leqq 2$$

この式で等号が成り立つのは $x=0$, $\dfrac{\pi}{3}$ のときだけであるから

$$\int_0^{\frac{\pi}{3}}dx<\int_0^{\frac{\pi}{3}}\dfrac{dx}{\cos x}<\int_0^{\frac{\pi}{3}}2\,dx$$

ここで, $\displaystyle\int_0^{\frac{\pi}{3}}dx=\Big[x\Big]_0^{\frac{\pi}{3}}=\dfrac{\pi}{3}$

$$\int_0^{\frac{\pi}{3}}2\,dx=2\Big[x\Big]_0^{\frac{\pi}{3}}=\dfrac{2}{3}\pi$$

であるから $\dfrac{\pi}{3}<\displaystyle\int_0^{\frac{\pi}{3}}\dfrac{dx}{\cos x}<\dfrac{2}{3}\pi$

107b $0\leqq x\leqq 1$ のとき

$$x^2-x=x(x-1)\leqq 0$$

であるから

$$x^2\leqq x$$

よって $1\leqq 1+x^2\leqq 1+x$

したがって $\dfrac{1}{1+x}\leqq\dfrac{1}{1+x^2}\leqq 1$

この式で, 等号が成り立つのは $x=0$, 1 のときだけであるから

$$\int_0^1\dfrac{dx}{1+x}<\int_0^1\dfrac{dx}{1+x^2}<\int_0^1 dx$$

ここで, $\displaystyle\int_0^1\dfrac{dx}{1+x}=\Big[\log|1+x|\Big]_0^1=\log 2$

$$\int_0^1 dx=\Big[x\Big]_0^1=1$$

であるから

$$\log 2<\int_0^1\dfrac{dx}{1+x^2}<1$$

108a 自然数 k に対して, $k\leqq x\leqq k+1$ ならば, $\dfrac{1}{\sqrt{x}}\leqq\dfrac{1}{\sqrt{k}}$ であり, 等号が成り立つのは $x=k$ のときだけである。

よって $\displaystyle\int_k^{k+1}\dfrac{dx}{\sqrt{x}}<\int_k^{k+1}\dfrac{dx}{\sqrt{k}}=\dfrac{1}{\sqrt{k}}$

$k=1$, 2, 3, $\cdots\cdots$, n とおいて和をとれば

$$\sum_{k=1}^{n}\int_k^{k+1}\dfrac{dx}{\sqrt{x}}<\sum_{k=1}^{n}\dfrac{1}{\sqrt{k}}$$

左辺は

$$\sum_{k=1}^{n}\int_k^{k+1}\dfrac{dx}{\sqrt{x}}=\int_1^{n+1}\dfrac{dx}{\sqrt{x}}=\Big[2\sqrt{x}\Big]_1^{n+1}$$
$$=2\sqrt{n+1}-2$$

したがって

$$2\sqrt{n+1}-2<1+\frac{1}{\sqrt{2}}+\frac{1}{\sqrt{3}}+\cdots\cdots+\frac{1}{\sqrt{n}}$$

108b 自然数 k に対して，$k\leqq x\leqq k+1$ ならば，

$\dfrac{1}{\sqrt{k+1}}\leqq\dfrac{1}{\sqrt{x}}$ であり，等号が成り立つの

は $x=k+1$ のときだけである。

よって

$$\int_k^{k+1}\frac{dx}{\sqrt{k+1}}<\int_k^{k+1}\frac{dx}{\sqrt{x}}\ \text{であり}$$

$$\int_k^{k+1}\frac{dx}{\sqrt{k+1}}=\frac{1}{\sqrt{k+1}}$$

$k=1,\ 2,\ \cdots\cdots,\ n-1$ とおいて和をとれば

$$\sum_{k=1}^{n-1}\frac{1}{\sqrt{k+1}}<\sum_{k=1}^{n-1}\int_k^{k+1}\frac{dx}{\sqrt{x}}$$

右辺は

$$\sum_{k=1}^{n-1}\int_k^{k+1}\frac{dx}{\sqrt{x}}=\int_1^n\frac{dx}{\sqrt{x}}=\Big[2\sqrt{x}\Big]_1^n$$
$$=2\sqrt{n}-2=2(\sqrt{n}-1)$$

したがって

$$\frac{1}{\sqrt{2}}+\frac{1}{\sqrt{3}}+\cdots\cdots+\frac{1}{\sqrt{n}}<2(\sqrt{n}-1)$$

練習14 (1) $f(x)=2x+\dfrac{12}{5}$

(2) $f(x)=\cos x-1$

3 節┃積分法の応用

109a (1) $\dfrac{8\sqrt{2}}{3}$　(2) $\dfrac{1}{2}$

109b (1) $e-\dfrac{1}{e}$　(2) $1+2\log 2$

110a (1) 3　(2) $2\sqrt{3}-\dfrac{7}{3}$

110b (1) $\dfrac{59}{12}$　(2) $\log\dfrac{16}{9}$

111a $\dfrac{4}{3}$

111b $\sqrt{2}$

112a 2π

112b $2\sqrt{3}\,\pi$

113a $\dfrac{8}{3}$

113b e^2-1

114a $\dfrac{1}{6}$

114b $\dfrac{32}{3}$

115a $\dfrac{1}{6}$

115b $\dfrac{3}{2}\pi$

116a $\dfrac{\pi}{2}$

116b $\dfrac{\pi}{2}$

117a $\dfrac{\pi}{30}$

117b $\dfrac{\pi}{6}$

118a $\dfrac{25}{2}\pi$

118b $\dfrac{40\sqrt{5}}{3}\pi$

119a 2π

119b 14

120a $-\dfrac{1}{2}+\log 3$

120b $2+\dfrac{1}{2}\log 3$

121a 9

121b $\sqrt{1+\pi^2}\left(1-\dfrac{1}{e^2}\right)$

練習15 $\dfrac{16}{15}\pi$

新課程版　スタディ数学 III

2024年1月10日　初版　　第1刷発行

編　者　第一学習社編集部

発行者　松 本 洋 介

発行所　株式会社 第一学習社

広島：広島市西区横川新町7番14号　〒733-8521　☎082-234-6800
東京：東京都文京本駒込5丁目16番7号　〒113-0021　☎03-5834-2530
大阪：吹田市広芝町8番24号　〒564-0052　☎06-6380-1391

札　幌☎011-811-1848　　　仙台☎022-271-5313　　　新　潟☎025-290-6077
つくば☎029-853-1080　　　横浜☎045-953-6191　　　名古屋☎052-769-1339
神　戸☎078-937-0255　　　広島☎082-222-8565　　　福　岡☎092-771-1651

 訂正情報配信サイト 23216-01
利用に際しては，一般に，通信料が発生します。

https://dg-w.jp/f/b60c6

書籍コード　23216-01

＊落丁，乱丁本はおとりかえいたします。
　解答は個人のお求めには応じられません。

ISBN978-4-8040-2321-2　　　ホームページ　https://www.daiichi-g.co.jp/

関数と極限

1 数列の極限値の性質(1)

$\lim\limits_{n\to\infty}a_n=\alpha,\ \lim\limits_{n\to\infty}b_n=\beta$ ならば

$\quad\lim\limits_{n\to\infty}ka_n=k\alpha$　　ただし，k は定数

$\quad\lim\limits_{n\to\infty}(a_n+b_n)=\alpha+\beta$

$\quad\lim\limits_{n\to\infty}(a_n-b_n)=\alpha-\beta$

$\quad\lim\limits_{n\to\infty}a_nb_n=\alpha\beta$

$\quad\lim\limits_{n\to\infty}\dfrac{a_n}{b_n}=\dfrac{\alpha}{\beta}$　　ただし　$\beta\neq0$

2 数列の極限値の性質(2)

・$\lim\limits_{n\to\infty}a_n=\alpha,\ \lim\limits_{n\to\infty}b_n=\beta$ のとき，すべての n について $a_n\leqq b_n$ ならば $\alpha\leqq\beta$

・$\lim\limits_{n\to\infty}a_n=\lim\limits_{n\to\infty}b_n=\alpha$ のとき，すべての n について $a_n\leqq c_n\leqq b_n$ ならば $\lim\limits_{n\to\infty}c_n=\alpha$

3 数列 $\{r^n\}$ の極限

$r>1$ のとき　　　$\lim\limits_{n\to\infty}r^n=\infty$

$r=1$ のとき　　　$\lim\limits_{n\to\infty}r^n=1$

$|r|<1$ のとき　　$\lim\limits_{n\to\infty}r^n=0$

$r\leqq-1$ のとき　振動する（極限はない）

4 無限等比級数の収束・発散

無限等比級数 $a+ar+\cdots+ar^{n-1}+\cdots$ は

$a\neq0$ のとき，

$\quad|r|<1$ ならば収束し,その和は $\dfrac{a}{1-r}$ である。

$\quad|r|\geqq1$ ならば発散する。

$a=0$ のとき，収束し，その和は 0 である。

5 無限級数の性質

$\sum\limits_{n=1}^{\infty}a_n=S,\ \sum\limits_{n=1}^{\infty}b_n=T$ ならば

$\quad\sum\limits_{n=1}^{\infty}ka_n=kS$　　ただし，k は定数

$\quad\sum\limits_{n=1}^{\infty}(a_n+b_n)=S+T,\ \sum\limits_{n=1}^{\infty}(a_n-b_n)=S-T$

6 $\dfrac{\sin x}{x}$ の極限

$\quad\lim\limits_{x\to0}\dfrac{\sin x}{x}=1$

7 中間値の定理

関数 $f(x)$ が区間 $[a,\ b]$ で連続で，$f(a)\neq f(b)$ ならば，$f(a)$ と $f(b)$ の間の任意の値 k に対して

$\quad f(c)=k,\ a<c<b$

を満たす c が少なくとも 1 つ存在する。

微分法

8 微分可能性と連続性

関数 $f(x)$ が $x=a$ で微分可能ならば，$f(x)$ は $x=a$ で連続である。

9 導関数の計算

$\{kf(x)\}'=kf'(x)$　　　ただし，k は定数

$\{f(x)+g(x)\}'=f'(x)+g'(x)$

$\{f(x)-g(x)\}'=f'(x)-g'(x)$

$\{f(x)g(x)\}'=f'(x)g(x)+f(x)g'(x)$

$\left\{\dfrac{1}{g(x)}\right\}'=-\dfrac{g'(x)}{\{g(x)\}^2}$

$\left\{\dfrac{f(x)}{g(x)}\right\}'=\dfrac{f'(x)g(x)-f(x)g'(x)}{\{g(x)\}^2}$

10 合成関数の微分法

関数 $y=f(u),\ u=g(x)$ がともに微分可能であるとき　$\dfrac{dy}{dx}=\dfrac{dy}{du}\cdot\dfrac{du}{dx}$

11 逆関数の微分法　$\dfrac{dy}{dx}=\dfrac{1}{\dfrac{dx}{dy}}$

12 三角関数の導関数

$(\sin x)'=\cos x,\ (\cos x)'=-\sin x,$

$(\tan x)'=\dfrac{1}{\cos^2 x}$

13 対数関数・指数関数の導関数

$(\log x)'=\dfrac{1}{x},\ (\log_a x)'=\dfrac{1}{x\log a}$

$(e^x)'=e^x,\ (a^x)'=a^x\log a$

14 x^{α} の導関数

$x>0$ で，α が実数のとき　$(x^{\alpha})'=\alpha x^{\alpha-1}$

15 曲線の媒介変数表示と導関数

$x=f(t),\ y=g(t)$ のとき

$\quad\dfrac{dy}{dx}=\dfrac{\dfrac{dy}{dt}}{\dfrac{dx}{dt}}=\dfrac{g'(t)}{f'(t)}$

16 接線と法線の方程式

曲線 $y=f(x)$ 上の点 $(a,\ f(a))$ における

接線の方程式

$\quad y-f(a)=f'(a)(x-a)$

法線の方程式

$\quad y-f(a)=-\dfrac{1}{f'(a)}(x-a)$

　　　　　　　　　　ただし　$f'(a)\neq0$

17 平均値の定理

関数 $f(x)$ が区間 $[a,\ b]$ で連続で，区間 $(a,\ b)$ で微分可能ならば

$\quad\dfrac{f(b)-f(a)}{b-a}=f'(c),\ a<c<b$

を満たす c が存在する。